深层碳酸盐岩缝洞型油藏试井解释技术

张冬丽　康志江　尹洪军　邢翠巧　著

中国石化出版社

图书在版编目（CIP）数据

深层碳酸盐岩缝洞型油藏试井解释技术 / 张冬丽等著. — 北京 : 中国石化出版社, 2022.4
ISBN 978-7-5114-6614-3

Ⅰ.①深… Ⅱ.①张… Ⅲ.①碳酸盐岩油气藏-深层开采-试井-解释-方法 Ⅳ.①TE34

中国版本图书馆 CIP 数据核字（2022）第 039765 号

中国石化出版社出版发行
地址：北京市东城区安定门外大街 58 号
邮编：100011　电话：（010）57512500
发行部电话：（010）57512575
http://www.sinopec-press.com
E-mail:press@sinopec.com
北京柏力行彩印有限公司印刷
全国各地新华书店经销
*
787×1092 毫米 16 开本 8.25 印张 195 千字
2022 年 6 月第 1 版　2022 年 6 月第 1 次印刷
定价：68.00 元

前言

PREFACE

缝洞型油藏储集体类型复杂、尺度变化大、流动形式多样，对当前试井方法和软件所基于的理论基础不能完全适应。

本书针对缝洞型碳酸盐岩的储集特征，分别研究了流体在不同尺度裂缝、溶洞、基质以及它们组合中的流动规律。在此基础上，建立了三重等效连续介质数值试井模型，编制了试井反问题自动拟合可视化软件；建立了渗流—自由流耦合流动试井模型，该模型在井钻遇较大型溶洞情形时更能反映地层中真实的流动特征；通过实测曲线的拟合，得到了钻遇溶洞的直径及溶洞外渗流区渗透率等参数；提出了含有大尺度溶洞和裂缝的缝洞型油藏数值试井模型及求解方法，利用非结构网格，可准确依照地层中溶洞和裂缝本身的位置和形状建立模型并计算试井响应；建立了缝洞型油藏油水两相流三重介质数值试井模型及求解方法，提出了两相流试井曲线的解释方法用以处理含水井的试井问题；分别针对井钻遇和未钻遇溶洞建立非连续介质试井数学模型，得到典型曲线。

对所搜集的塔河油田缝洞型油藏的试井资料进行重新评价和解释，利用 PDA 分析结果对其进行了辅助性的验证，结果表明：部分试井资料用现有的试井模型不足以反映它们的特征，需要建立合适的试井模型以得到良好的拟合效果；部分井用常规的试井模型或方法虽能取得较好的曲线拟合效果，但从地质概念和流动规律上来说，新发展的方法能够更准确地描述缝洞型油藏的特征；部分用常规试井模型解释较好的井需要赋予恰当的地质意义。

本书共分为 8 章：第 1 章介绍了缝洞型油藏等效连续

介质模型适用性条件，第 2 章介绍了三重等效连续介质数值试井模型的建立和试井正、反问题研究，第 3 章介绍了渗流—自由流耦合流动特征试井理论模型及试井分析方法，第 4 章介绍了含有大尺度裂缝、溶洞的缝洞型油藏的数值试井模型及试井响应，第 5 章介绍了缝洞型油藏油水两相流三重介质数值试井模型及求解方法、两相流试井曲线的解释方法，第 6 章、第 7 章分别介绍了针对井钻遇和未钻遇溶洞建立非连续介质试井数学模型和典型曲线，第 8 章介绍了塔河油田缝洞型碳酸盐岩油藏测试资料的解释实例。

本书在编写过程中得到了中国石化科技部、石油勘探开发研究院、西北油田分公司领导和专家的大力支持与帮助，同时还得到了中国石化首席专家计秉玉的悉心指导，在此一并感谢。

由于编者水平有限，文中如有不妥之处，敬请批评指正。

目录

CONTENTS

1 缝洞型油藏等效连续介质模型适用性条件

本章分析了当前试井方法和软件基于的理论基础及对缝洞型油藏的适应性和局限性，研究了储层介质表征单元体(REV)的存在性及其尺度问题，给出缝洞型油藏等效连续介质模型适用性条件。指出当REV存在且尺度较小时，缝洞型油藏可以用等效连续介质模型来描述；否则需要在复合介质概念下考虑流体在多孔介质和真实介质中的耦合流动，或通过处理大尺度的裂缝、溶洞来解决缝洞型油藏中介质重数的非均质问题。

当前试井方法和软件基于的理论基础大多是多重孔隙介质渗流理论，它的理论基础首先在于多孔介质。从微观角度上讲，多孔介质是由不同类型、不同大小、不同形状的孔隙与不同类型的岩石骨架组成的，其孔隙中充满烃类流体。孔隙的大小和形状是千变万化的，岩石的骨架性质也是千差万别的，因此具体描述流体质点在孔隙中的运动几乎是不可能的。只有利用等效连续介质理论将油藏等效为连续体，才能用流体力学知识来描述多孔介质中流体的流动。而表征单元体是将多孔介质等效为连续介质的必要条件，也是联系多孔介质和一般连续介质的桥梁。

所谓表征单元体，是指能够宏观地平均反映研究区域渗透特性的最小区域。多孔介质研究区域就可以看成由这种表征单元体组成的连续介质体，其渗透特性由表征单元体来宏观表示，而不是由每个小孔隙来直接表示。

只有定义了表征单元体，才能用假想的连续介质模型代替实际的多孔介质。这样，对于介质中任意点，都可以把运动学和动力学的参数及变数看作是时间、空间坐标的连续函数(见图1-1)。另外，多重孔隙介质渗流理论的理论基础在于多重介质，它是把孔隙介质、裂缝介质或溶洞介质重叠在一个空间，构成多重的连续多孔介质；最后，对于多重孔隙介质中的流体，把每一相都看作是连续分布的，并且充满整个多孔介质区域。以上三点就为运动学和动力学的参数及变数进行微积运算提供了理论基础，进而为借助于偏微分方程来

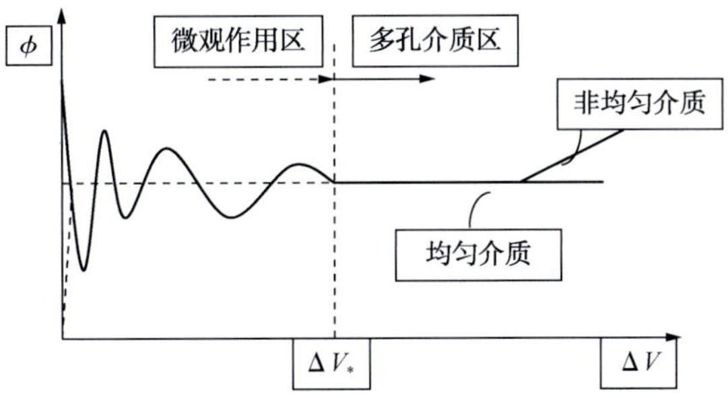

图1-1 孔隙介质和表征单元体的定义

描述渗流的各种现象提供了理论基础。如果在介质中取一适当大小的表征单元体，这个单元体的体积必须比单个孔隙的容积大得多，即应包含足够数量的孔隙；另外，它必须比整个流场的尺寸小得多，以便它能代表所讨论的点处的物理量。

缝洞型油藏中的大洞、大缝无法在连续介质模型的基础上定义渗流特性参数、运动学、动力学参数，不能单独看作多重介质中的一重介质。

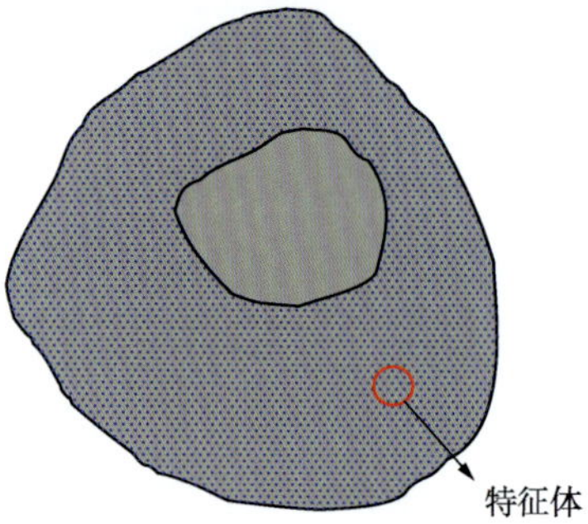

图 1-2　孔隙溶洞介质表征单元体示意图

按照表征单元体的概念，单元体内必须比单个孔隙的容积大得多，即应包含足够数量的孔隙；另外，它必须比整个流场的尺寸小得多。这样的话，当地层中有如图 1-2 所示的较大的溶洞时，如果存在表征单元体，首先要包含足够多的溶洞，还要比整个流场小得多。对于较小的、分布比较均匀的小溶孔来说，这样的要求可能得到满足。但目前塔河油田一些溶洞和大型裂缝直径达几十厘米甚至几米，且分布不均匀。而对于试井问题来说，一口井的控制面积在几平方公里，这种情况就不存在表征单元体，换句话说，已经无法定义溶洞及裂缝介质的孔隙度、渗透率等渗流力学参数，也就无法用渗流偏微分方程求解各点处的压力、速度等动力学参数。

碳酸盐岩缝洞型油藏储层介质为复合介质，储层介质类型复杂、分布不均。如图 1-3 所示，对于破碎裂缝、网状裂缝和小型溶孔，可以用多重介质的方式描述储层类型；而对于溶洞和大型裂缝，因为不存在表征单元体，无法定义孔隙度、渗透率等参数，因此不能用多重介质来描述，也不能用渗流规律来表达。鉴于这两种储层类型，对于碳酸盐岩缝洞型油藏的试井问题，我们也分别研究了 4 种试井模型及相应的试井解释方法：一是基于三重等效介质的数值试井方法，适用于第一种类型的储层，包括单相和油水两相，一是针对存在大型溶洞、裂缝的储层，采用渗流、自由流动耦合的试井模型，或通过处理大尺度的裂缝、溶洞来解决缝洞型油藏中介质重数的非均质问题(见表 1-1、表 1-2)。

表 1-1　针对缝洞型碳酸盐岩油藏现有的试井分析方法比较

试井方法	求解方法	适应条件	对解决缝洞型油藏的局限性		理论基础
单重介质	解析、数值	砂岩油藏、孔隙型碳酸盐岩油藏	无法描述裂缝、溶洞	要求 REV 存在	多孔介质渗流理论
双孔介质	解析、数值	裂缝性油藏	无法描述溶洞		
双孔双渗	解析、数值				
多重孔隙度	数值				
三重介质	解析	缝洞型油藏	严重非均质油藏应用效果受影响		

(a)可以用多重介质描述的储层类型

(b)不能用多重介质描述的储层类型

图 1-3　碳酸盐岩油藏储层类型

表 1-2　针对缝洞型碳酸盐岩油藏新发展的试井分析方法比较

试井方法	流体运动方程	处理多种类型储集空间的方法	试井解释参数	试井方法适应性		实际应用情况
三重介质数值试井方法	达西定律或非达西定律	多重介质	井储，表皮，原始地层压力，裂缝、基质、溶洞渗透率等	REV存在	复杂非均质地层，任意边界，任意产量，流动符合渗流规律，单相流体	6 口
两相流数值试井方法	达西定律或非达西定律	多重介质两相流概念	在拟合油井含水的基础上获得上述参数		两相流体，含水井	1 口
耦合流动试井方法	达西定律、N-S 方程	流体力学与多重介质概念	溶洞大小，渗流区渗透率	REV部分存在	井穿过溶洞情形（现场存在较明显放空漏失）	4 口
含有大尺度缝洞试井分析方法	达西定律或非达西定律、裂缝平板模型、等势体概念	多重介质（非均质）	大尺度裂缝的长度、宽度、溶洞的体积等		含有大尺度缝、洞的非均质地层	理论研究阶段

2 三重等效连续介质数值试井模型的建立和试井正、反问题研究

2.1 数值试井模型建立及求解

2004~2006 年，姚军、王子胜提出了裂缝与井筒连通的三重介质试井解释模型，模型正式将溶洞作为三重介质油藏中的一重介质。考虑基岩、裂缝和溶洞间的窜流，进行了求解，并给出了一套实用的试井解释方法。该试井解释模型针对裂缝与井筒连通的三重介质油藏的特点，假设裂缝向井筒供液，而基岩和溶洞作为“源”项，孔缝之间以及洞缝之间发生拟稳态窜流。图 2-1 为裂缝与井筒连通的三重介质物理模型示意图。随后，又在此三重介质数学模型基础上，发展了考虑表皮效应和变井筒储存、裂缝及溶洞与井筒的各种连通关系，以及考虑了压敏效应的试井解释模型，并分别用 Laplace 变换和数值 Laplace 反演方法、差分方法给出了试井模型解，还提出了三重介质油藏的试井解释方法—利用遗传算法进行自动拟合。此外，李成勇、刘启国等研究了三重介质油藏水平井试井解释模型，蔡明金、贾永禄还研究了三重介质有限导流垂直裂缝井压力动态。

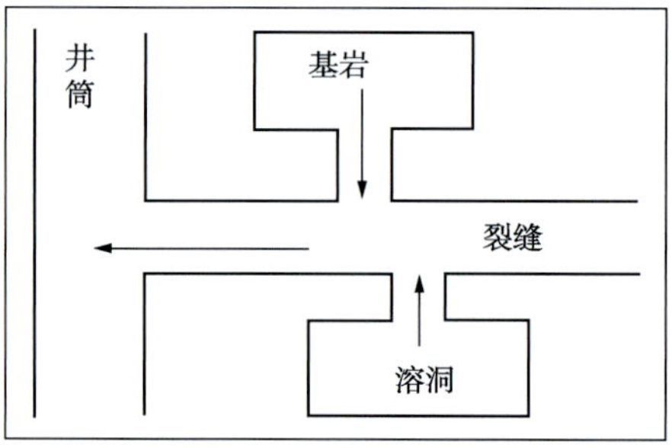

图 2-1　裂缝与井筒连通的三重介质物理模型

以上的解析试井模型只能反映油藏为均质的情况。换句话说，在探测范围内，只能定义一种裂缝渗透率、洞渗透率来分别表示裂缝溶洞的渗透率，用基岩向裂缝窜流系数、基岩向缝洞窜流系数表示介质之间的交换能力，用基岩弹性储容比、裂缝弹性储容比来描述介质的储油能力。除此之外，模型还有生产期为定产量、流动为单相的假设条件。但是，塔河地区的缝洞型油藏具有极强的非均质性，单一的参数表示形式很难反映真实情况，定产量、单相的假设条件也很难满足。为此，我们采用数值模拟的方法，建立数值试井模型。数值试井的最大好处就是：在求解正问题时，探测范围内的参数可以按照储层实际的非均质情况给定，这样就求得更为真实的试井曲线响应；在求解反问题时，也可以结合已有的根据地质动态等资料对地层的认识，确定最接近的试井参数组合，从而求得更真实的地层参数。

2.1.1 KARSTSIM 油藏数值模拟器的基本原理

数值试井从根本上说就是一个单井范围内的数值模拟过程。因此，我们以现有的描述多重介质渗流的数值模拟器 KARSTSIM 为基础，进行数值试井。这种推广的多重介质模型由吴玉树提出，并应用于三维三相油藏数值模拟器 KARSTSIM 和缝洞型油藏解析试井模型。在该概念模型里，天然缝洞型油藏被视为三重连续介质：①渗透性、连通性好的大型裂缝；②低渗透或不渗透的岩石骨架；③各种尺寸的溶洞或溶孔。基岩骨架系统可能包括许多小的或孤立的溶孔(直径为厘米或毫米级的)，还包括直径从几厘米到几米的大洞。洞穴可能是：①直接与大裂缝相连；②通过小裂缝或微裂缝间接地与大裂缝相连；③被岩石骨架与大裂缝隔开(见图 2-2)。与常规的双重孔隙介质概念类似，裂缝介质控制总体流动，而洞穴和岩石骨架(主要提供大的源汇储集空间)局部相连，并与总体连通的大裂缝相互作用。在实际油藏中，有更多的洞穴类型和空间分布，可以通过概念模型或它们的组合表示或近似，因此完全没有必要将洞穴和孔洞的尺寸及分布模型均一化，这也更符合油藏的实际情况。

原则上说，所提出的三重介质模型被考虑为一般的多重连续介质(MINC)方式的自然的推广。在这种方式中，等效的孔隙介质通过将三重介质考虑为空间重叠，分别用于近似裂缝、溶洞或岩石骨架。三重介质概念模型假设每重介质中都总存在近似的热力学平衡。基于这一局部平衡假设，我们可以给每重介质都定义热力学变量，如压力、流体饱和度、浓度、温度。由于三重介质模型不局限于裂缝系统的正交性的理想化，不局限于洞穴的均匀尺寸或均匀分布，因此缝、洞的不规则和随机分布可以数值化处理，只要实际分布模式已知就可以了。

在这一模型里，多相流控制方程仍然由质量守恒方程、运动方程(裂缝中可以方便地加入非达西渗流)和饱和度方程组成。

气相：

$$\frac{\partial}{\partial t}\{\phi(S_o\bar{\rho}_{dg}+S_g\rho_g)\}=-\nabla\cdot(\bar{\rho}_{dg}\vec{V}_o+\rho_g\vec{V}_g)+q_g \tag{2-1}$$

水：

$$\frac{\partial}{\partial t}(\phi S_w\rho_w)=-\nabla\cdot(\rho_w\vec{V}_w)+q_w \tag{2-2}$$

油：

$$\frac{\partial}{\partial t}(\phi S_o\bar{\rho}_o)=-\nabla\cdot(\bar{\rho}_o\vec{V}_o)+q_o \tag{2-3}$$

这里，β 相(β=g 为气；β=w 为水；β=o 为油)的达西速度如下定义：

$$\vec{V}_\beta=-\frac{KK_{r\beta}}{\mu_\beta}(\nabla P_\beta-\rho_\beta g\nabla D) \tag{2-4}$$

$$S_w+S_o+S_g=1 \tag{2-5}$$

式中，ρ_β 为 β 相在油藏条件下的密度；$\bar{\rho}_o$ 为在油藏条件下脱去溶解气的油相密度；$\bar{\rho}_{dg}$为在油藏条件下油相中溶解气的密度；ϕ 为油层的有效孔隙度；μ_β 为 β 相的黏度；S_β 为 β 相的饱和度；P_β 为 β 相的压力；q_β 为地层 β 组分每单位体积汇点/源点项；g 为重力加速度；K 为油层的绝对渗透率；$K_{r\beta}$为 β 相的相对渗透率；D 为深度。

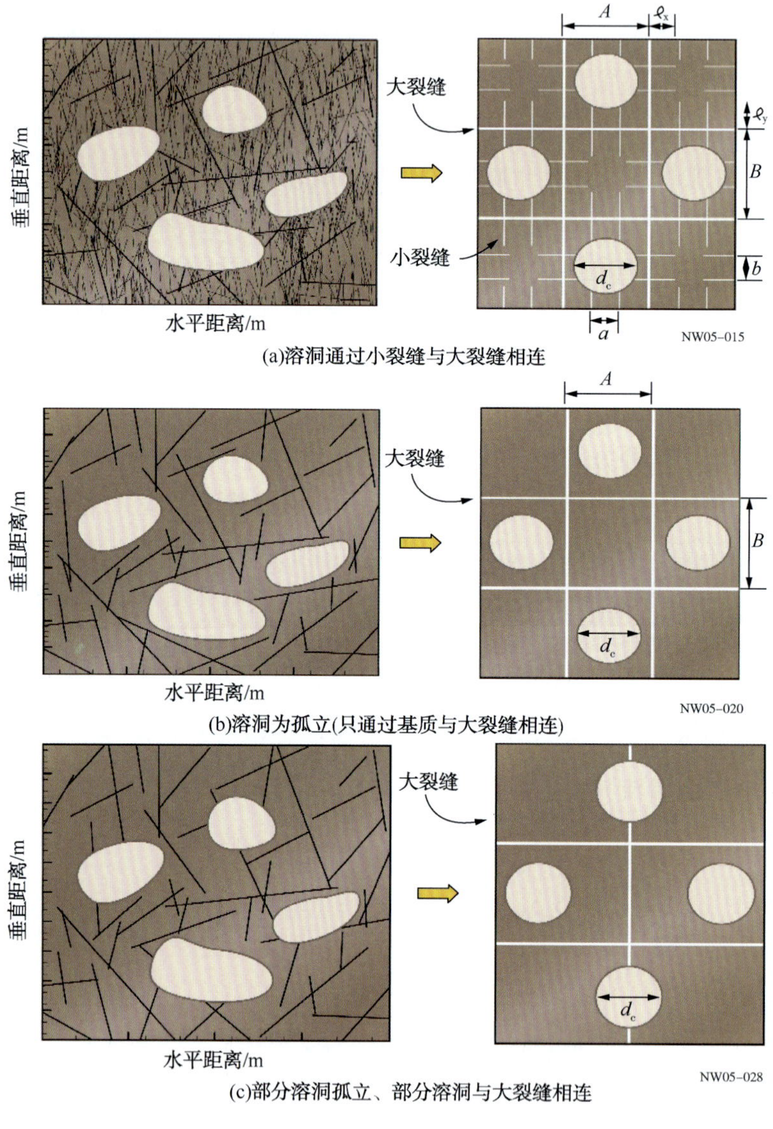

(a)溶洞通过小裂缝与大裂缝相连

(b)溶洞为孤立(只通过基质与大裂缝相连)

(c)部分溶洞孤立、部分溶洞与大裂缝相连

图 2-2　三重等效连续介质的概念模型

方程在空间上使用基于积分的有限差分方法进行离散。时间离散采用向后的一阶有限差分格式。对任意节点 i 的油、气、水相的离散方程写为：

气：

$$\{[S_o\bar{\rho}_{dg}+\phi S_g\rho_g]_i^{n+1}-[S_o\bar{\rho}_{dg}+\phi S_g\rho_g]_i^n\}\frac{V_i}{\Delta t}$$

$$=\sum_{j\in\eta_i}(\bar{\rho}_{dg}\lambda_o)_{ij+1/2}^{n+1}\gamma_{ij}[\psi_{oj}^{n+1}-\psi_{oi}^{n+1}]+\sum_{j\in\eta_i}(\rho_g\lambda_g)_{ij+1/2}^{n+1}\gamma_{ij}[\psi_{gj}^{n+1}-\psi_{gi}^{n+1}]+Q_{gi}^{n+1}$$

(2-6)

水：

$$\{[\phi S_w\rho_w]_i^{n+1}-[\phi S_w\rho_w]_i^n\}\frac{V_i}{\Delta t}=\sum_{j\in\eta_i}(\rho_w\lambda_w)_{ij+1/2}^{n+1}\gamma_{ij}[\psi_{wj}^{n+1}-\psi_{wi}^{n+1}]+Q_{wi}^{n+1} \quad (2-7)$$

油：

$$\{[\phi S_o\bar{\rho}_o]_i^{n+1}-[\phi S_o\bar{\rho}_o]_i^n\}\frac{V_i}{\Delta t}=\sum_{j\in\eta_i}(\bar{\rho}_o\lambda_o)_{ij+1/2}^{n+1}\gamma_{ij}[\psi_{oj}^{n+1}-\psi_{oi}^{n+1}]+Q_{oi}^{n+1} \quad (2-8)$$

式中，n 为前时间点；$n+1$ 为有待解决的现有时间点；V_i 为元素 i 的体积；Δt 为时间步长；η_i 包含临近块(j)组或单元 i 的结点，这样直接包含了单元 i。

下脚标 $ij+1/2$ 代表单元 i 和 j 分界面的一个恰当平均值，与 β 相流度有关，β 相流度定义如下：

$$\lambda_\beta=\frac{K_{r\beta}}{\mu_\beta} \quad (2-9)$$

流动边界的传导系数定义如下：

$$\gamma_{ij}=\frac{A_{ij}K_{ij+1/2}}{d_i+d_j} \quad (2-10)$$

且：

$$\psi_{\beta i}^{n+1}=P_{\beta i}^{n+1}-\rho_{\beta,ij+1/2}^{n+1}gD_i$$

式中，A_{ij} 为连通单元 i 和 j 的共同界面面积；d_i 为从单元 i 的中心到单元 i 和 j 交界面的距离；d_j 是从单元 j 的中心到单元 i 和 j 交界面的距离；$K_{ij+1/2}$ 为沿着单元 i 和 j 连通处的平均绝对渗透率；D_i 为单元 i 中心的深度。

单元 i 的源汇项定义如下：

$$Q_{\beta i}^{n+1}=q_{\beta i}^{n+1}V_i$$

式中，β=g，w，o，分别代表气，水，油。

式(2-6)~式(2-8)统一为：

$$\{(M_\beta)_i^{n+1}-(M_\beta)_i^n\}\frac{V_i}{\Delta t}=\sum_{j\in\eta_i}F_{\beta,ij}^{n+1}+Q_{\beta i}^{n+1} \quad (2-11)$$

$F_{\beta,ij}$ 为沿着连接(i，j)的对于三重介质之间的流动项：

$$F_{\beta,ij}=\lambda_{\beta,ij+1/2}\gamma_{ij}[\psi_{\beta j}-\psi_{\beta i}] \quad (2-12)$$

其中： $\lambda_{\beta,ij+1/2}=\left(\frac{\rho_\beta k_{r\beta}}{\mu_\beta}\right)_{ij+1/2}$，$\gamma_{ij}=\frac{A_{ij}k_{ij+1/2}}{d_i+d_j}$

元素 i 的质量源汇项定义为： $Q_{\beta i}=q_{\beta i}V_i$

MINC 概念被推广来产生三重介质网格，这是模拟缝洞地层流动的关键一步。

KARSTSIM 首先从一个初始或单重孔隙网格出发，该网格要用到地层的空间构造和层数据，然后使用每个地层子区域或初始网格的每个有限差分网格块中对应裂缝或孔洞的几何信息。裂缝合起来算作裂缝介质，而含有或不含小裂缝的孔洞堆在一起算作孔洞介质，剩下的被作为岩块介质。裂缝—岩块、裂缝—孔洞、孔洞—岩块连接间的流动项都由式(2-12)得到。但传导率对不同类型的介质之间的流动计算方法不同：

对于裂缝—岩块间的流动，$\gamma_{FM}=\dfrac{A_{FM}K_M}{l_{FM}}$，$l_{FM}$ 为穿过岩块—裂缝分界面的特征长度，A_{FM} 为裂缝和岩块元素间的总的分界面积。

对于裂缝—孔洞间的流动，$\gamma_{FV}=\dfrac{A_{FV}K_V}{l_{FV}}$，$l_{FV}$ 为穿过孔洞—裂缝分界面的特征长度，A_{FV} 为裂缝和孔洞元素间的总的分界面积。

对于孔洞—岩块间的流动，$\gamma_{VM}=\dfrac{A_{VM}K_M}{l_{VM}}$，$l_{VM}$ 为穿过孔洞—岩块分界面的特征长度，A_{VM} 为孔洞和岩块元素间的总的分界面积。

以上三式中，K_M 为岩块绝对渗透率；K_F 为裂缝绝对渗透率；K_V 为孔洞绝对渗透率(实际上是控制孔洞—裂缝间流动的小裂缝的渗透率)。

方程中的特征长度依赖于 Warren Root 的裂缝—岩块和(通过小裂缝的)缝—洞连接间拟稳态流动假设得到。对于孤立的溶洞，无须计算裂缝—溶洞间的流动项。

2.1.2 数值试井数学模型

1) 单相流控制方程

对于裂缝介质控制的全局性流动，由质量守恒方程、运动方程组成。

对 β 相：

$$\frac{\partial}{\partial t}(\phi_F\rho_\beta)=-\nabla\cdot(\rho_\beta\vec{V}_\beta)+q_\beta+q_{\beta FV}+q_{\beta FM} \tag{2-13}$$

这里，β 相(β=w 为水，β=o 为油)的达西速度如下定义：

$$\vec{V}_\beta=-\frac{K_F k_{r\beta}}{\mu_\beta}(\nabla P_\beta-\rho_\beta g\nabla D) \tag{2-14}$$

对于岩块介质中的流动，

$$\frac{\partial}{\partial t}(\phi_M\rho_\beta)=-q_{\beta FM}+q_{\beta MV} \tag{2-15}$$

对于溶洞介质中的流动，

$$\frac{\partial}{\partial t}(\phi_V\rho_\beta)=-q_{\beta MV}-q_{\beta FV} \tag{2-16}$$

式中，ρ_β 为 β 相在油藏条件下的密度；ϕ_F 为油层的有效孔隙度，即裂缝孔隙度；μ_β 为 β 相的黏度；S_β 为各介质中 β 相的饱和度；P_β 为 β 相的压力；g 为重力加速度；

K_F 为裂缝的绝对渗透率；$K_{r\beta}$为β相的相对渗透率；D 为深度；q_β 为每单位体积地层中β相的生产/注入井的质量交换项，$q_{\beta FV}$、$q_{\beta FM}$、$q_{\beta MV}$分别为裂缝与溶洞及裂缝与基质间的质量交换项；ϕ_M，ϕ_V 分别为岩块和溶洞介质的孔隙度。

2）缝、洞、孔三重介质之间的流动

裂缝—岩块、裂缝—孔洞、孔洞—岩块间的流动项分别为：

$$q_{\beta,FM}=\lambda_\beta\gamma_{FM}[\psi_{\beta M}-\psi_{\beta F}] \tag{2-17}$$

$$q_{\beta,FV}=\lambda_\beta\gamma_{FV}[\psi_{\beta V}-\psi_{\beta F}] \tag{2-18}$$

$$q_{\beta,VM}=\lambda_\beta\gamma_{VM}[\psi_{\beta M}-\psi_{\beta V}] \tag{2-19}$$

式中，$\gamma_{FM}=\dfrac{A_{FM}K_M}{l_{FM}}$，$l_{FM}$为穿过岩块—裂缝分界面的特征长度；$A_{FM}$为裂缝和岩块元素间的总的分界面积；$k_M$ 为岩块绝对渗透率；$\gamma_{FV}=\dfrac{A_{FV}K_V}{l_{FV}}$，$l_{FV}$为穿过孔洞—裂缝分界面的特征长度；$A_{FV}$为裂缝和孔洞元素间的总的分界面积；$K_V$ 为孔洞绝对渗透率（实际上是控制孔洞—裂缝间流动的小裂缝的渗透率）；$\gamma_{VM}=\dfrac{A_{VM}K_M}{l_{VM}}$，$l_{VM}$为穿过孔洞—岩块分界面的特征长度，$A_{VM}$为孔洞和岩块元素间的总的分界面积；$K_M$ 为岩块绝对渗透率。

方程中的特征长度依赖于 Warren Root 的裂缝—岩块和（通过小裂缝的）缝—洞连接间拟稳态流动假设得到。对于孤立的溶洞，无须计算裂缝—溶洞间的流动项。

3）数值试井条件下的内、外边界条件

根据表皮系数的定义，考虑表皮效应以后的井底压力与裸眼井井底压力理论值之间有如下关系：

$$P_{wf}=\left[P_F-Sr_w\frac{\partial P_F}{\partial r}\right]_{r=r_w} \tag{2-20}$$

将上式数值离散得：

$$P_{wf}=\left[P_{F0}-Sr_w\frac{\partial P_{F1}-\partial P_{F0}}{r_1-r_w}\right] \tag{2-21}$$

式中，P_{F0}为不考虑表皮系数的影响时井壁上的压力；P_{F1}为从井筒开始数径向上第一个网格处的压力，下标 F 表示井壁上和第一个网格处的压力均为裂缝元素的压力。从上式看出，表皮系数对井底压力的影响是一个与时间无关的表达式，所以可以先算出地层中的压力分布，再单独考虑表皮系数的影响，具体计算通过编制一个小计算程序来达到。关于表皮系数与井筒储集系数对试井曲线的影响，将在下一小节参数敏感性分析中给出。

一般根据井筒储集系数的定义得到的井储系数边界条件为：

$$-C\frac{\partial P_{wf}}{\partial t}+\frac{2\pi r_w K_F h}{\mu}\frac{\partial P_F}{\partial r}(r_w,\ t)=q \tag{2-22}$$

可以看出，与表皮系数不同，井储系数对压力的影响是与地层压力方程相耦合的。要是按照常规的数值算法，需要将上式离散，然后与地层压力方程联立求解方程组，这样对于一个原先没有考虑井储系数、主要目的是求解地层压力场的数值模拟器来说，就要修改相应的程序代码。但是在 KARSTSIM 中，处理井筒的方式是通过虚拟节点的方法。这种方法把井身当成一个或多个与相邻结点相连通的计算结点。井身可以是垂直的、倾斜的或水平的。井筒结点与其他的非井结点处理方式一样，抽汲/注入条件根据定流量或是定压力当作节点的源汇项处理，考虑用结点的汇点项或是源点项。在 KARSTSIM 中假定井结点仅与抽汲或注入操作有关，而没有其他的边界条件。这样，物质平衡方程式(2-13)对井结点 i 仍然成立。

既然井节点可处理为虚拟节点，这一节点就有体积和位置。再考虑井筒储集系数的定义 $C=V_w c_L$，我们就可以通过改变井筒的虚拟体积 V_w，间接地改变井储系数的大小，这样就将井筒储集系数条件非常方便地考虑进来。

初始条件，假设油藏初始时刻三重介质压力均为原始地层压力：

$$P_F(r,\ 0)=P_V(r,\ 0)=P_M(r,\ 0)=P_i \tag{2-23}$$

外边界条件，无限大地层： $P_F(r=\infty,\ t)=P_i$

有界定压地层： $P_F(r=r_e,\ t)=P_i$

有界封闭地层： $\dfrac{\partial P(r=r_e,\ t)}{\partial r}=0$

数值试井模型对封闭边界的处理很简单，直接把边界以外的元素去掉即可。对于定压边界，通过把邻近边界的结点体积设置很大(也就是说 $V_i>1050\text{m}^3$)来处理。这样的话，流动域的“有限体积”结点在任何形式的流体交换，都不会改变这些邻近边界的结点的热动力条件。

2.1.3 三重介质数值试井渗流规律分析

由于裂缝与井筒连通，开井生产时，裂缝中的流体率先流入井筒，此时裂缝系统中的压力下降，而基岩和溶洞系统中的压力不变，这样在洞缝系统以及孔缝系统之间形成了压差。当压差较小时，只有溶洞向裂缝窜流，压力半对数曲线下降速度变缓，导数曲线出现第一个下凹；当压力差进一步增加时，基岩向缝、洞的总系统窜流，压力下降速度再次变缓，导数曲线出现第二个下凹。最后，基岩、裂缝、孔洞系统中的压力达到平衡，半对数曲线呈直线下降，反映的是总系统的特性。

关井后，裂缝系统中的压力率先恢复，而基岩和溶洞系统中的压力不变，这样在洞缝系统以及孔缝系统之间形成了压差。当压差较小时，只有裂缝向溶洞窜流，压力恢复速度变缓，导数曲线出现第一个下凹；当压力差进一步增加时，基岩向缝、洞的总系统窜流，压力恢复速度再次变缓，导数曲线出现第二个下凹。最后，基岩、裂缝、孔洞系统中的压力达到平衡，半对数曲线呈直线上升，反映的是总系统的特性(见图 2-3)。

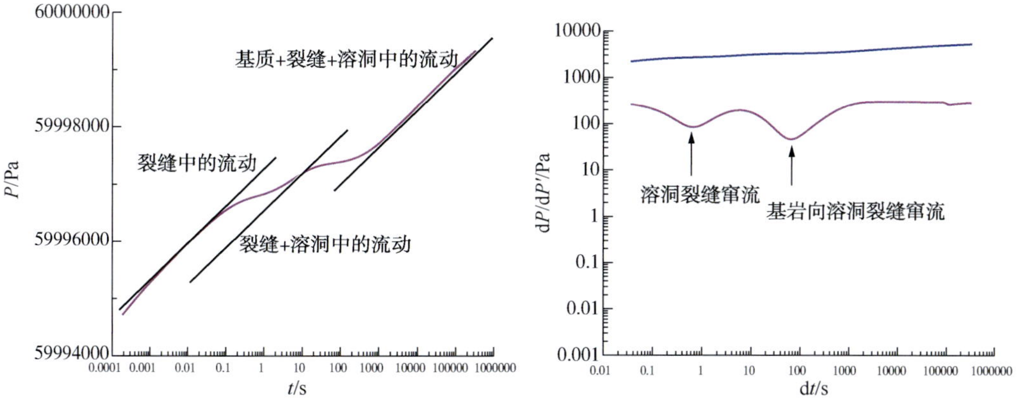

图 2-3　三重介质渗流规律分析

对于无限大油藏，半对数曲线始终呈直线下降，导数曲线变平；对于圆形封闭油藏半对数曲线下降幅度变陡，导数曲线反映出上翘；对于圆形定压油藏半对数曲线变平，导数曲线下降(见图 2-4)。对于无限大油藏，压力恢复半对数曲线始终呈直线上升，导数曲线变平；对于圆形封闭油藏半对数曲线上升幅度变缓，恢复到平均地层压力，导数曲线剧烈下掉；对于圆形定压油藏半对数曲线上升幅度变缓，恢复到定压边界压力，导数曲线下降(见图 2-4)。

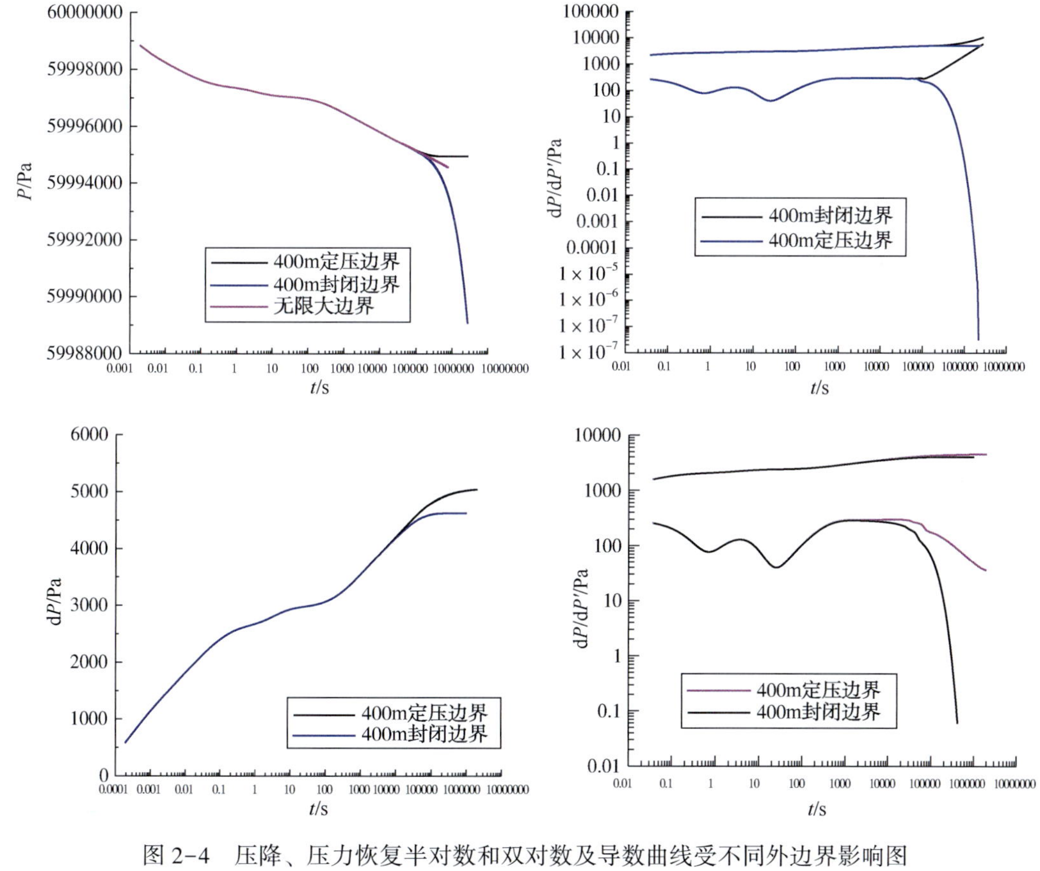

图 2-4　压降、压力恢复半对数和双对数及导数曲线受不同外边界影响图

2.2 地层参数对压力响应的敏感性分析

试井模型建立及求解属于试井分析中的正问题，而试井分析最终目的是通过该模型求取试井参数。在此之前，必须解决下面几个问题：需要解释的试井参数有哪些？在这些参数中，哪些参数对压力曲线的影响大，哪些参数对压力曲线的影响小？它们对压力曲线形状的影响方式是怎样的？因此，下面分别对各个输入参数做了敏感性分析。计算时所用的固定参数如表 2-1 所示，敏感性参数依次图上标的值。每个参数的影响分别用压力-时间半对数图、压差-时间双对数图、压差导数-时间双对数图表示。下面分述各参数的影响。

表 2-1　三重介质缝洞型油藏单相流动参数取值表

参　数	取　值	单　位
基质孔隙度	$\phi_M=0.263$	—
裂缝孔隙度	$\phi_F=0.001$	—
溶洞孔隙度	$\phi_V=0.01$	—
裂缝间距	$A=5$	m
小裂缝间距	$a=1.6$	m
小裂缝特征长度	$l_x=3.472$	m
单位体积岩石中裂缝—基质/裂缝—溶洞接触面积	$A_{FM}=A_{FV}=0.61$	m^2/m^3
单位体积岩石中基质—溶洞接触面积	$A_{MV}=2.23$	m^2/m^3
水的密度	$\rho_i=1，000$	kg/m^3
水的黏度	$\mu=1\times10^{-3}$	Pa·s
基质渗透率	$K_M=1.572\times10^{-16}$	m^2
裂缝渗透率	$K_F=1.383\times10^{-13}$	m^2
溶洞渗透率(小裂缝渗透率)	$K_V=1.383\times10^{-14}$	m^2
水产量	$q=100$	m^3/d
三重介质的综合压缩系数	$C_F=C_M=C_V=1.0\times10^{-9}$	1/Pa
井径	$r_w=0.1$	m
地层厚度	$h=20$	m

溶洞渗透率：溶洞渗透率越大，在半对数曲线上代表溶洞向裂缝中窜流的过渡段出现得越早，表示裂缝+溶洞流动期的半对数直线段出现得也越早，第一个过渡段和第二个过渡段之间的距离也越大。当溶洞的渗透率逐渐变小并接近基质渗透率时，第一个过渡段和第二个过渡段之间的距离很小，乃至溶洞这重介质在曲线上显示不出来，整个曲线只显示出双重介质的特点。在双对数曲线上，溶洞渗透率越大，在双对数曲线上代表第一个下凹部分出现越早，下凹的深度越小，而第二个下凹部分出现时间不变，但下凹的深度也越小。当溶洞的渗透率逐渐变小并接近基质渗透

率时，第一个下凹部分和第二个下凹部分之间的距离很小，乃至在曲线上显示不出来，整个曲线只显示出双重介质的特点。

裂缝渗透率：K_F 越大，压降期压降越小，压力恢复曲线起点压力值越高，压力恢复曲线越平稳。在双对数及导数曲线上，K_F 越大，双对数及导数曲线越靠上，但形状均不变。

基质渗透率：随着 K_M 增大，在半对数曲线上代表溶洞裂缝总流动能力的第二条直线段斜率越小，代表基岩向缝洞窜流过渡段出现的时间越早，但形状不变；在双对数曲线上代表第二个下凹部分出现越早，过渡段曲线向左平移但形状不变。

溶洞孔隙度：随着溶洞孔隙度的减小，在半对数曲线上第二条半对数直线和第三条半对数直线之间的距离就越大，溶洞向裂缝的窜流过渡段越短，而基岩向缝洞系统窜流过渡段越长。在双对数导数曲线上，溶洞孔隙度越小，第一个下凹部分出现越早，下凹的深度越小；第二个下凹部分出现越早，下凹的深度越大。

裂缝孔隙度：随着裂缝孔隙度的减小，半对数曲线上第一条直线段和第二条直线段之间的距离就越大，同时第一条半对数直线在半对数曲线上变短且变高，表明洞与裂缝之间的窜流时间也就越长。在双对数曲线上，随着裂缝孔隙度的减小，第一个下凹部分出现时间越早，下凹深度也越深；第二个下凹部分形状基本相同，但随着裂缝孔隙度减小，第二个下凹部分出现时间略早，深度略有增加。

基质孔隙度：在压降期，基质孔隙度越大，基质的供液能力越强，用来补充裂缝中压降的能力就越强，裂缝中压降就越慢，井筒中的压降也就越慢，所以压力恢复曲线上恢复压力的起点值就越高；在压力恢复期，由于在裂缝中的流动阶段、溶洞向裂缝的窜流阶段、裂缝+溶洞的流动阶段都与基质的特性没有关系，所以压力恢复曲线的前半部，不同的基质孔隙度得到的曲线是基本平行的，曲线的形状一样，基质孔隙度越大，曲线越靠上。在双对数导数曲线上，第二个下凹部分以前，三条曲线重合，孔隙度越大，第二个下凹部分凹陷深度越大，凹陷最低点也越靠右。整个凹陷部分结束后，三条曲线又重合在一起。

小裂缝间距：随着小裂缝间距的减小，在半对数曲线上代表溶洞裂缝总流动能力的第二条直线段斜率越小，代表基岩向缝洞窜流过渡段出现的时间越早，但形状不变；在双对数曲线上代表第二个过渡段的下凹部分曲线向左平移但形状不变。

大裂缝间距：随着大裂缝间距的减小，在半对数曲线上代表溶洞裂缝总流动能力的第二条直线段斜率越小，代表基岩向缝洞窜流过渡段出现的时间越早，但形状不变；在双对数曲线上代表第二个过渡段的下凹部分曲线向左平移但形状不变。

小裂缝特征长度：随着小裂缝特征长度的减小，溶洞向裂缝窜流过渡段出现的时间越早，在半对数曲线上代表过渡段曲线出现越早但形状不变；在双对数曲线上代表第一个下凹部分出现越早，过渡段曲线向左平移但形状不变。

孤立溶洞：孤立溶洞没有表现出三重介质的特性，只有双重介质的特性。所以当溶洞为孤立时，改变溶洞的直径对试井曲线形态没有影响。

A_{MV}：随着 A_{MV} 增大，在半对数曲线上代表溶洞裂缝总流动能力的第二条直线段斜率越小，代表基岩向缝洞窜流过渡段出现的时间越早；在双对数曲线上第二个下凹部分出现越早，过渡段曲线向左平移但形状不变。

A_{FM}：随着 A_{FM} 增加，在半对数曲线上代表溶洞向裂缝窜流的过渡段直线出现得越早；在双对数及导数曲线上第一个下凹也就出现得越早，但形状不变，第二个下凹深度越浅，同时第二个下凹的上升部分也出现越早。

原始地层压力：不同的原始地层压力在半对数曲线上位置不同，形状相同，在双对数及导数曲线上形状相同，几乎重合。

溶洞渗透率敏感性分析图、裂缝渗透率敏感性分析图等分别如图 2-5～图 2-17 所示。

表皮系数：图 2-18 展示了在两组井储系数下分别取不同的表皮系数的压力响应，可以看出，表皮系数的影响主要是曲线的早期形状，表皮系数为正时，表皮系数越大，附加的压降越大，早期曲线下掉得幅度越大；表皮系数为负时，相当于一个负的附加压降，早期曲线上抬得幅度越大。

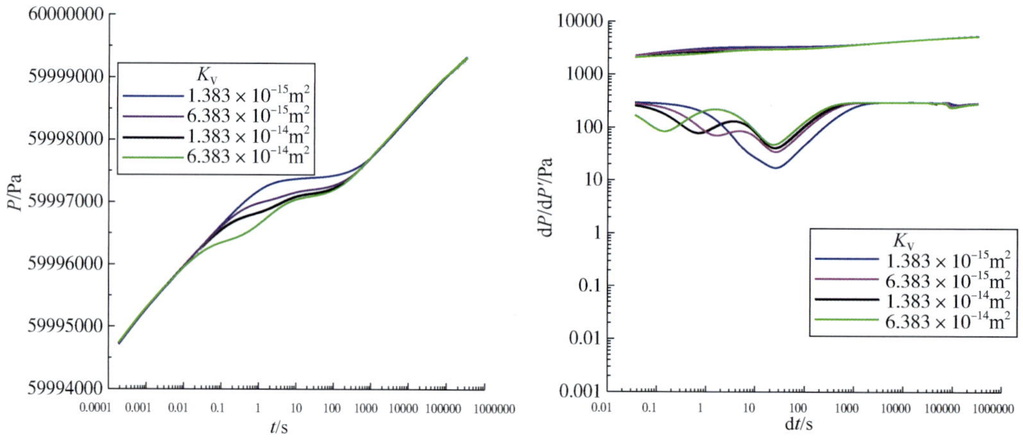

图 2-5 溶洞渗透率敏感性分析图

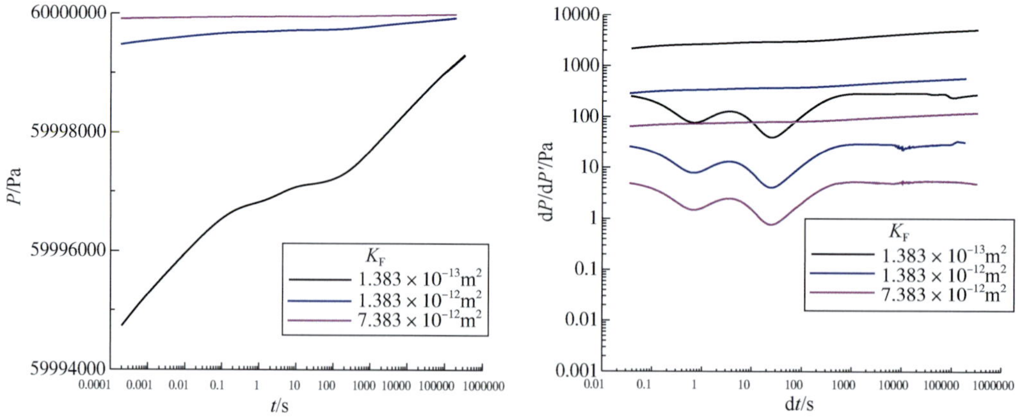

图 2-6 裂缝渗透率敏感性分析图

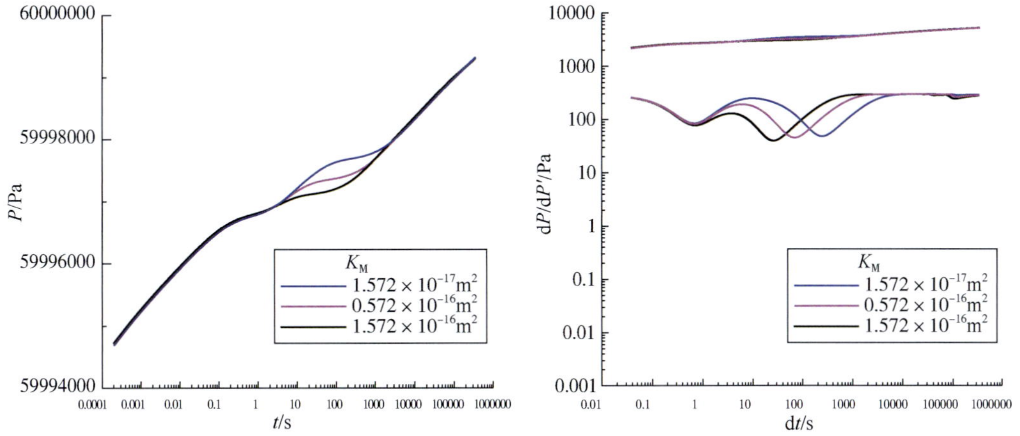

图 2-7　基质渗透率敏感性分析图

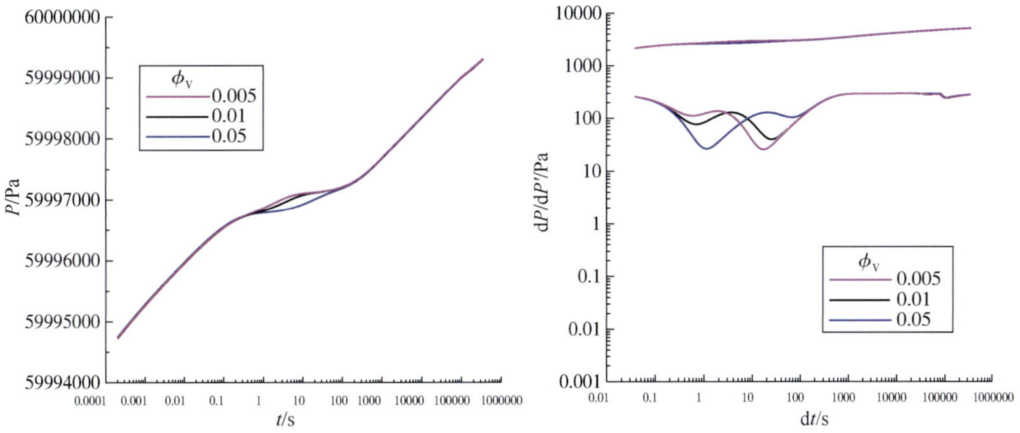

图 2-8　溶洞孔隙度敏感性分析图

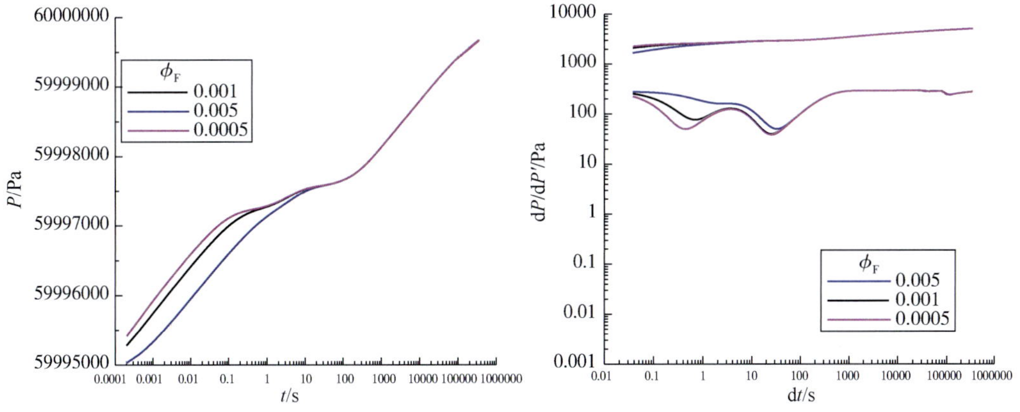

图 2-9　裂缝孔隙度敏感性分析图

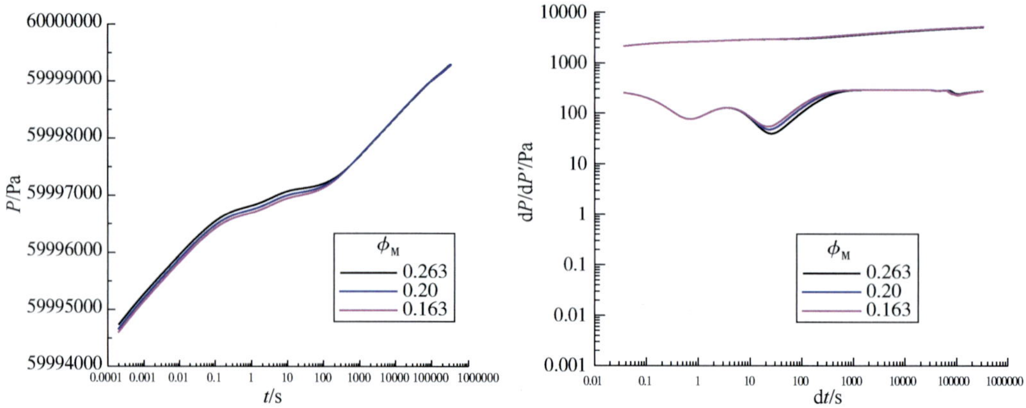

图 2-10　基质孔隙度敏感性分析图

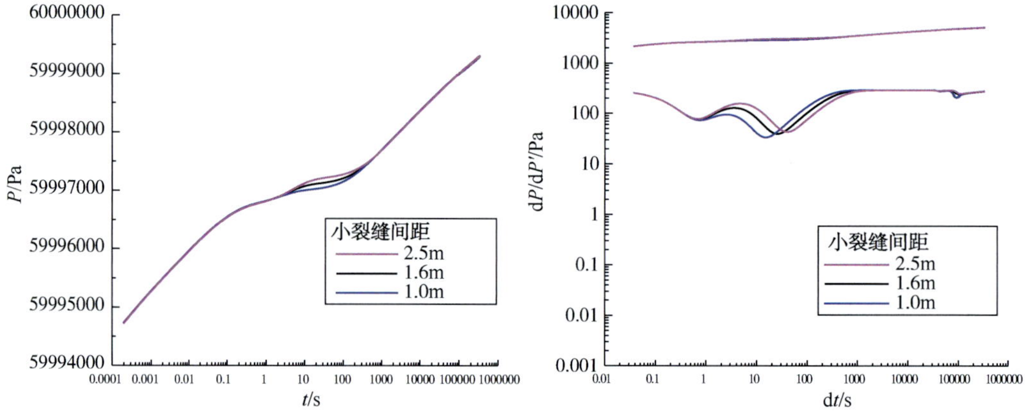

图 2-11　小裂缝间距敏感性分析图

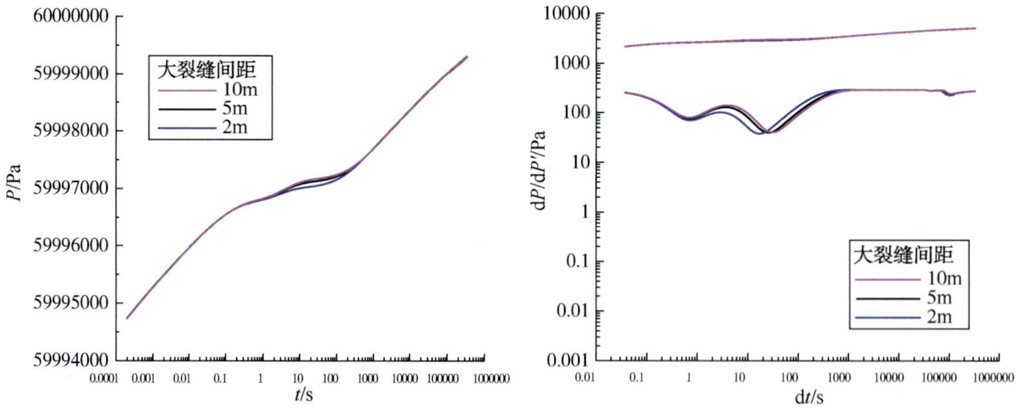

图 2-12　大裂缝间距敏感性分析图

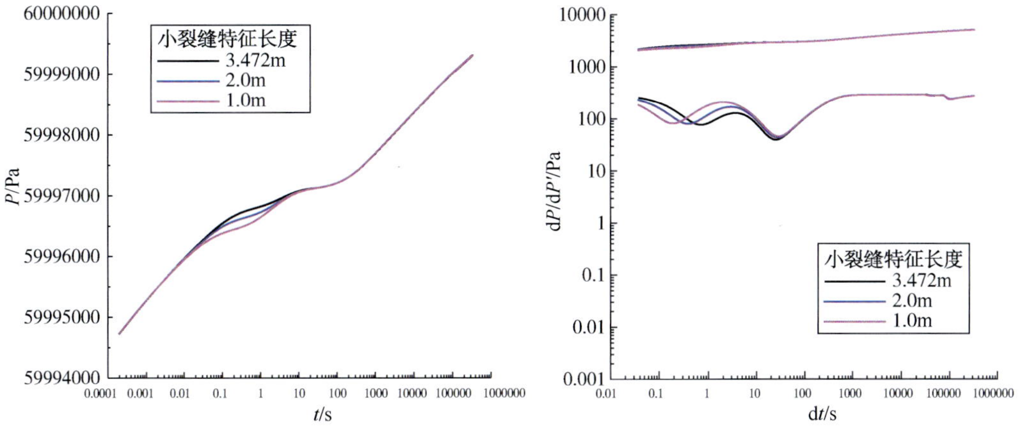

图 2-13　小裂缝特征长度敏感性分析图

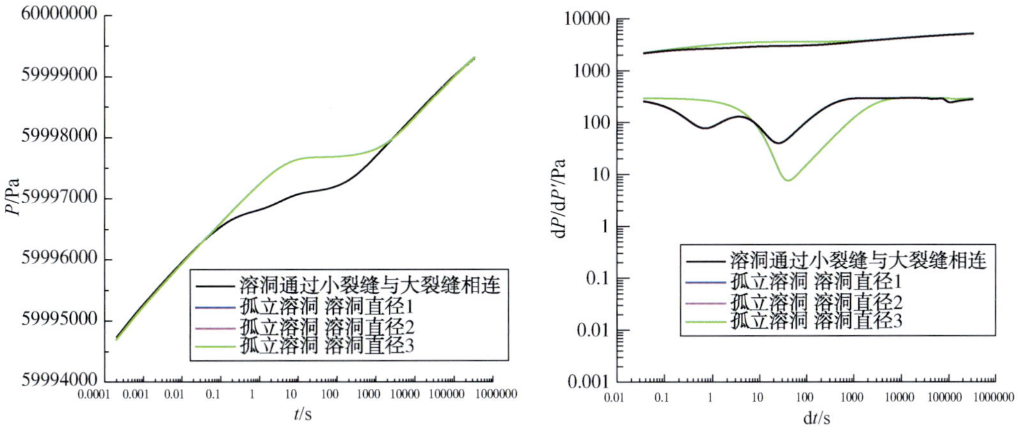

图 2-14　溶洞孤立时溶洞直径敏感性分析图

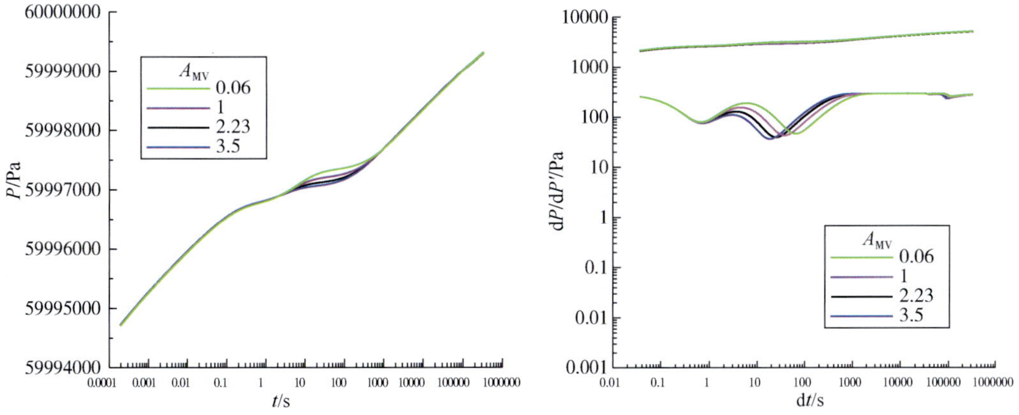

图 2-15　A_{MV} 敏感性分析图

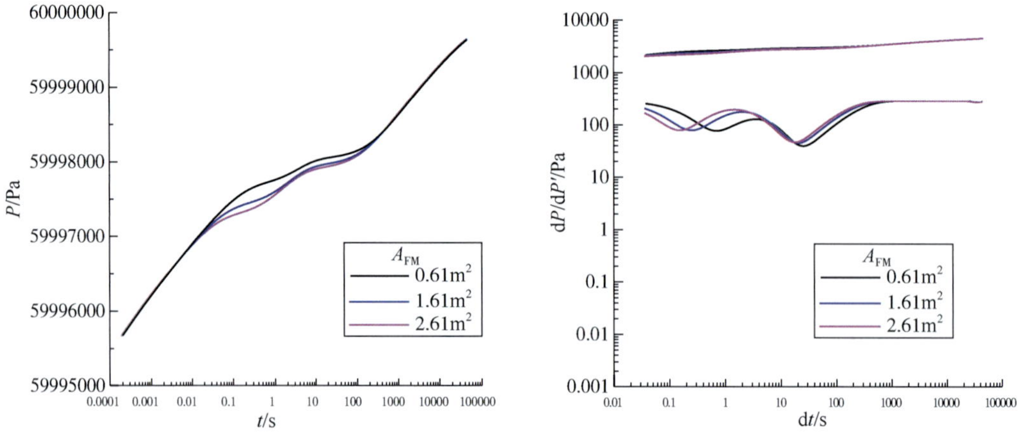

图 2-16 A_{FM}敏感性分析图

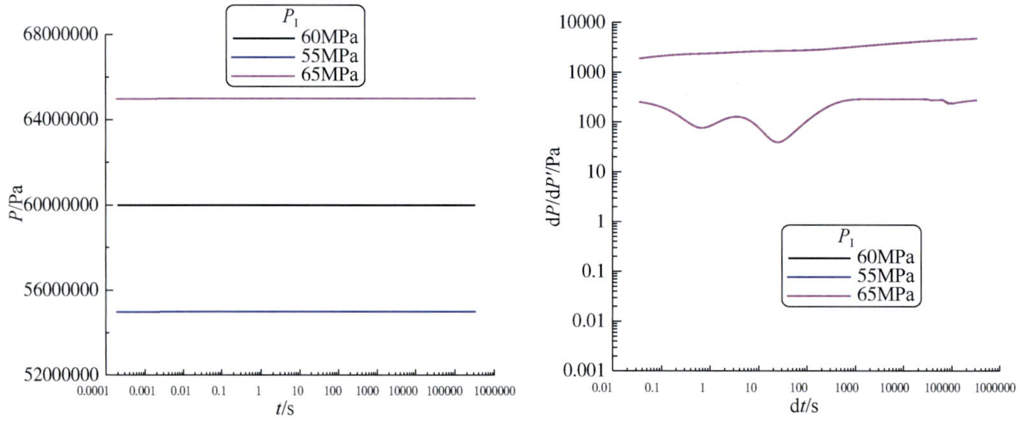

图 2-17 原始地层压力敏感性分析图

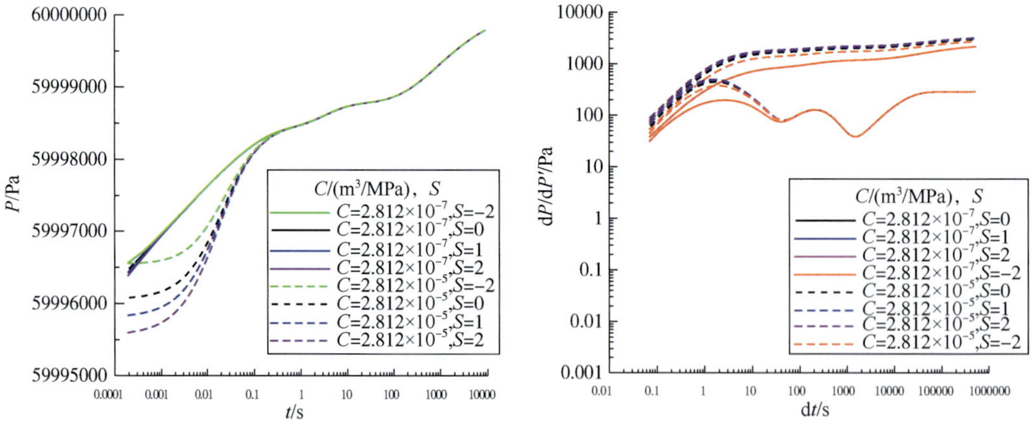

图 2-18 表皮系数和井筒储集系数对压力半对数及压差双对数及导数曲线影响图

井储系数：当井储系数增大时，曲线的前半部分逐渐向右下方偏移，偏离了原来的直线段。裂缝渗透率较大和基质溶洞渗透率较小时，曲线只在第一个直线段部分开始偏离，裂缝渗透率较小和基质溶洞渗透率较大时，曲线的第一个过渡段、第二个直线段乃至第二个过渡段都会发生偏离，致使典型的三重介质的曲线特征都被掩盖。这个时候，影响试井曲线中段的各个参数就很难通过曲线解释出来，因此 C 值的确定是一个至关重要的参数(见图 2-19)。

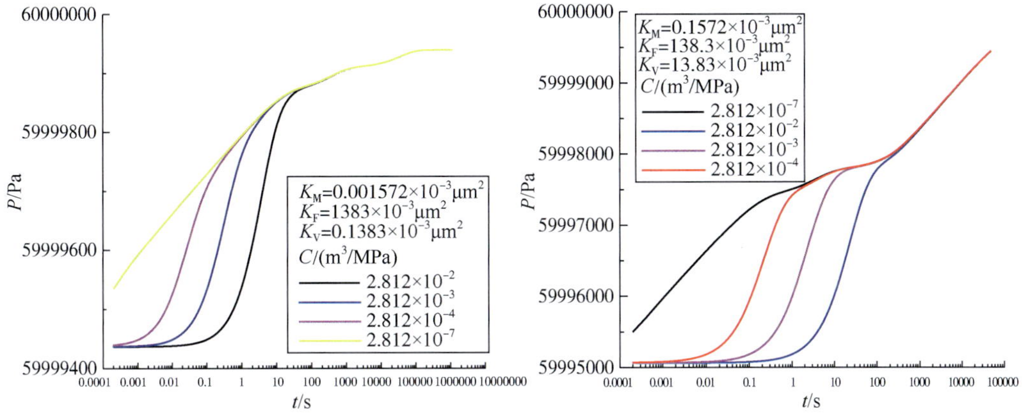

图 2-19　不同渗透率下井筒储集系数对压力半对数及压差双对数及导数曲线影响图

2.3　计算了复杂地质模型的试井响应

以下给出了几个复杂模型的试井响应曲线(见图 2-20、图 2-21)。所谓复杂模型，这里是指非均质模型、断层模型、变产量模型等。

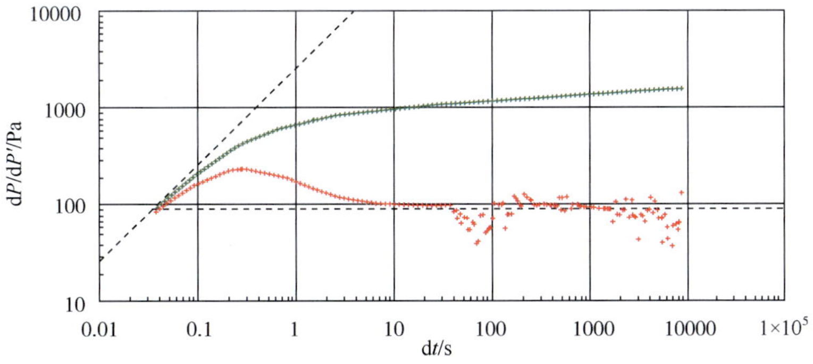

图 2-20　模型 1 压差-压差导数双对数试井理论曲线(致密层垂向渗透率=0)

模型 1：是在 S47 井地质模型的基础上建立的试井模型。正问题计算时平面上划分为 40 个对数网格，根据测井解释的层厚数据，将纵向上划分为 16 个网格。以测井解释的结果为划分的依据，将该地区的地层岩石分为 4 种类型，分别为 ROCK1、ROCK2、ROCK3、DENSE。表 2-2 是每种类型岩石的渗透率参数，表 2-3 是储层的基本参数。

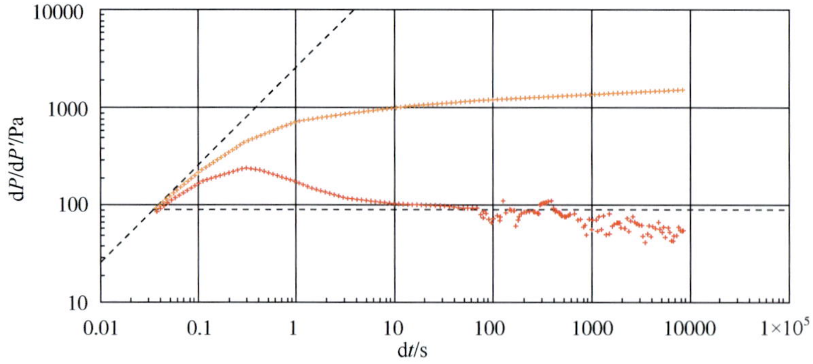

图 2-21　模型 1 压差-压差导数双对数试井理论曲线（致密层垂向渗透率 = $1\times10^{-3}\mu m^2$）

表 2-2　S47 井各种岩石类型渗透率表

	$K_M/10^{-3}\mu m^2$	$K_F/10^{-3}\mu m^2$	$K_V/10^{-3}\mu m^2$
ROCK1	0. 1	138. 3	13. 83
ROCK2	1	138. 3	1
ROCK3	1	138. 3	1
DENSE	0	0	0/1

图 2-3　S47 井地质模型表

序号	岩石类型	厚度/m	裂缝孔隙度/%	孔洞孔隙度/%	裂缝的间距/m	单位体积内裂缝与基岩的接触面积/m^2	小裂缝间距/m	小裂缝长度/m	单位体积内溶洞与基岩的接触面积/m^2
1	ROCK1	1. 3	0. 08	26. 55	0. 2	5	0. 5	0. 1	7. 95
2	DENSE	9. 1	0. 00	0. 00	0. 2	5	0. 5	0. 1	0. 0
3	ROCK2	15. 9	0. 35	4. 57	0. 2	5	0. 5	0. 1	0. 0
4	DENSE	28. 9	0. 00	0. 00	0. 2	5	0. 5	0. 1	0. 0
5	ROCK3	13. 5	0. 15	1. 21	0. 2	5	0. 5	0. 1	0. 0
6	ROCK3	15	0. 16	1. 01	0. 2	5	0. 5	0. 1	0. 0
7	DENSE	1. 1	0. 00	0. 00	0. 2	5	0. 5	0. 1	0. 0
8	ROCK3	7. 3	0. 10	1. 21	0. 2	5	0. 5	0. 1	0. 0
9	DENSE	2. 7	0. 00	0. 00	0. 2	5	0. 5	0. 1	0. 0
10	ROCK3	5. 7	0. 08	0. 78	0. 2	5	0. 5	0. 1	0. 0
11	DENSE	1	0. 00	0. 00	0. 2	5	0. 5	0. 1	0. 0
12	ROCK3	7. 9	0. 33	1. 62	0. 2	5	0. 5	0. 1	0. 0
13	DENSE	1. 6	0. 00	0. 00	0. 2	5	0. 5	0. 1	0. 0
14	ROCK1	8. 7	0. 29	7. 39	0. 2	5	0. 5	0. 1	6. 0
15	DENSE	34. 2	0. 00	0. 00	0. 2	5	0. 5	0. 1	0. 0
16	ROCK2	50	0. 10	7. 00	0. 2	5	0. 5	0. 1	0. 0

图 2-20、图 2-21 是用表 2-2、表 2-3 的数据计算得到的理论试井曲线，图 2-20中致密层垂向渗透率取为 0，图 2-21 中致密层垂向渗透率取为 1md。从曲线的形状上看，这两个图很像一个均质地层得到的试井曲线，尽管我们用的参数是个非均质性很强的三重介质模型，这会给这种模型的试井解释带来很大困难，同时也反映了试井问题的多解性特点。其中，致密层垂向渗透与不渗透时压力-时间半对数曲线对比图如图 2-22 所示。

模型 2：是在模型 1 基础上的简化模型，除了地质模型与模型 1 一致外（见表 2-2），各种类型岩石的渗透率参数见表 2-4。图 2-23 反映了一个类似双重介质的特点。

表 2-4　不同岩石类型渗透率表

岩石类型	K_M/m^2	K_F/m^2	K_V/m^2
ROCK	1.572×10^{-16}	1.383×10^{-13}	1.383×10^{-14}
夹层为裂缝型单重介质	1.383×10^{-13}	1.383×10^{-13}	1.383×10^{-13}
夹层为致密层	0	0	1.000×10^{-15}

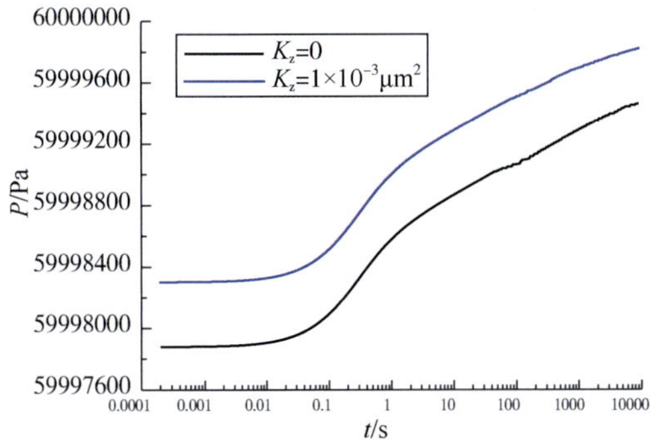

图 2-22　模型 1 致密层垂向渗透与不渗透时压力-时间半对数曲线对比图

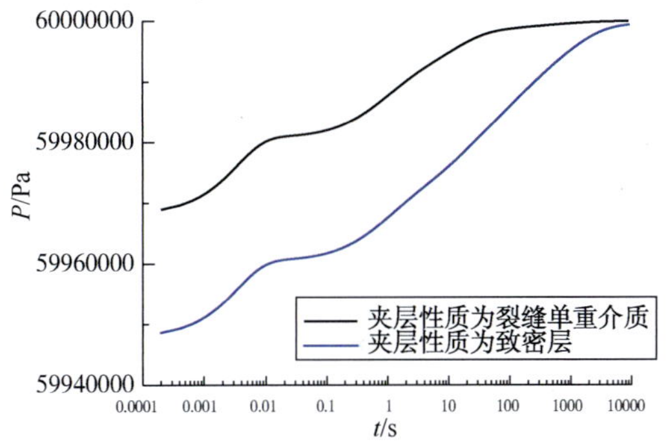

图 2-23　夹层性质为致密层与裂缝性介质时对比图

模型 3：变产量模型。在实际应用中，产量不变的假设通常是很难满足的，这使得一般的解析试井方法遇到了困难。在数值试井中，这个问题是很好处理的。下面给出的生产期产量呈阶梯状变化时的压力响应（见图 2-24～图 2-26）。可以看出，生产期产量的变化不影响理论试井曲线对三重介质模型的反映。

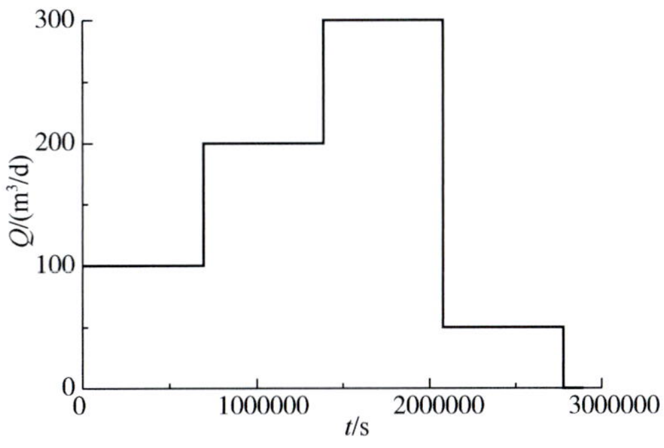

图 2-24　变产量模型产量历史展开图

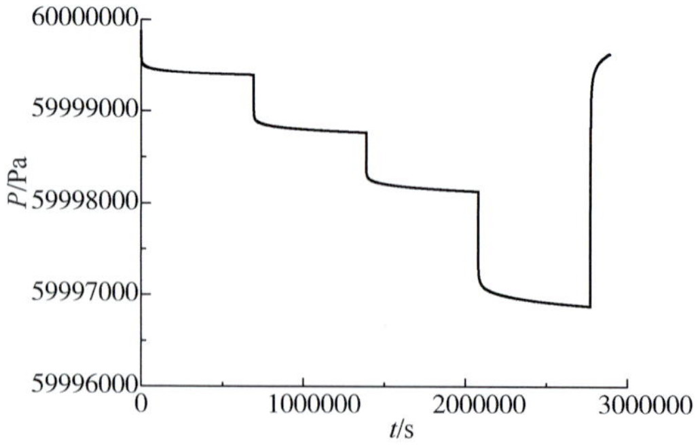

图 2-25　变产量模型数值模拟压力史图

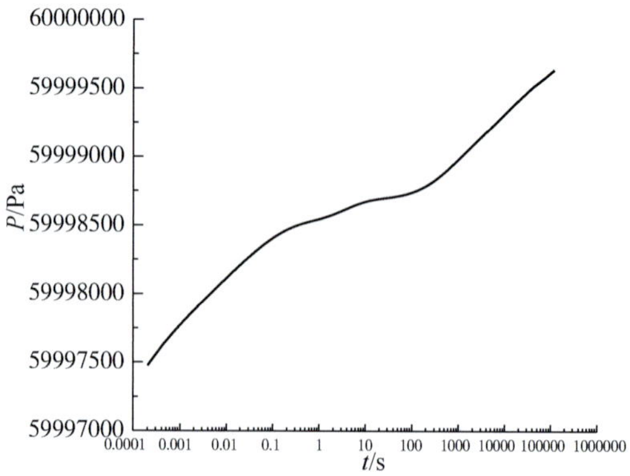

图 2-26　变产量模型压力恢复半对数曲线图

模型 4：直线断层模型。此模型考虑正方形封闭地层，使用块中心网格，正方形地层求解区域为 1050m×1050m×20m，在 X、Y、Z 方向分别划分为 21×21×4 个网格。三个方向的渗透率分别为：$0.1572\times10^{-3}\mu m^2$、$1383\times10^{-3}\mu m^2$、$13.83\times10^{-3}\mu m^2$。

通过把井置于正方形地层的中心、边部和角部，试图来反映定压边界、一条断层和两条断层对试井理论曲线的影响。图 2-27 和图 2-28 分别为压降期和压力恢复期的压差-时间半对数曲线。由图看出，当井位于正方形的中心时，曲线表现出的是个封闭正方形边界的影响；当井位于角部时，曲线反映出两条断层的影响，类似于圆形封闭地层中封闭边界的影响；当井位于边部时，井首先反映的是一条断层的影响，这种情况位于上述两种情况之间。

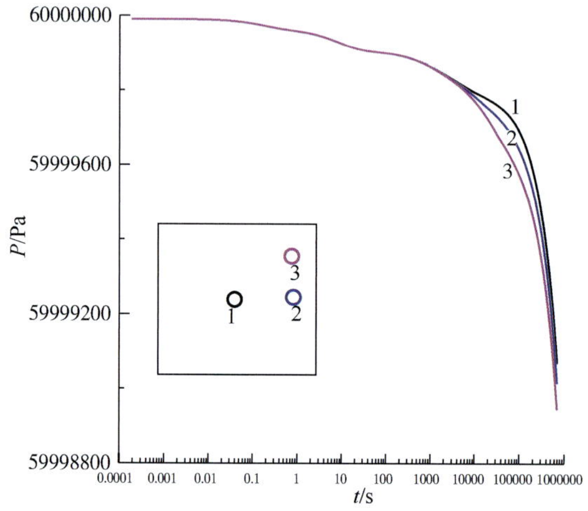

图 2-27　井位于封闭地层不同位置时压降曲线对比图

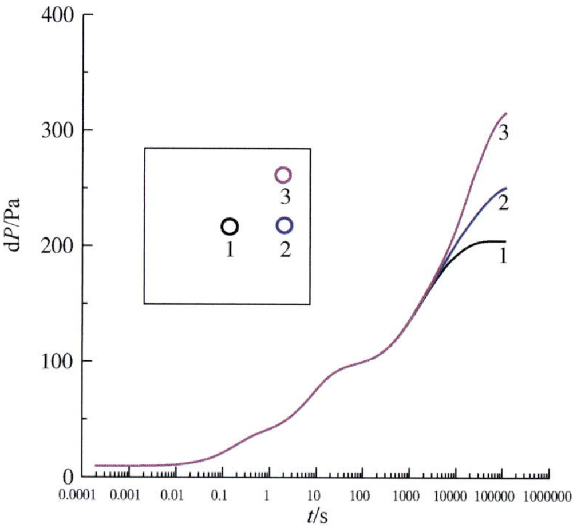

图 2-28　井位于封闭地层不同位置时压力恢复曲线对比图

前面的模型中，我们用的都是径向网格，这种网格适合研究单井周围地层特征和圆形边界。而块中心网格除了可以描述相对复杂的地层情况之外，还可以研究多井干扰试井，这类似于在一个区域内做多井数值模拟。这只需要把观测点放在所要研究的井点处就可以观测到相应井的试井曲线。

模型5：复合油藏模型。岩性变差（针对裂缝渗透率而言）的复合油藏的半对数压降曲线后期下掉，岩性变好的复合油藏的半对数压降曲线后期上升（见图2-29）。在实际试井解释中，岩性变差程度明显时的曲线特征与封闭边界类似，岩性变好程度明显时的曲线特征与定压边界类似，可根据地质信息的认识综合考虑。

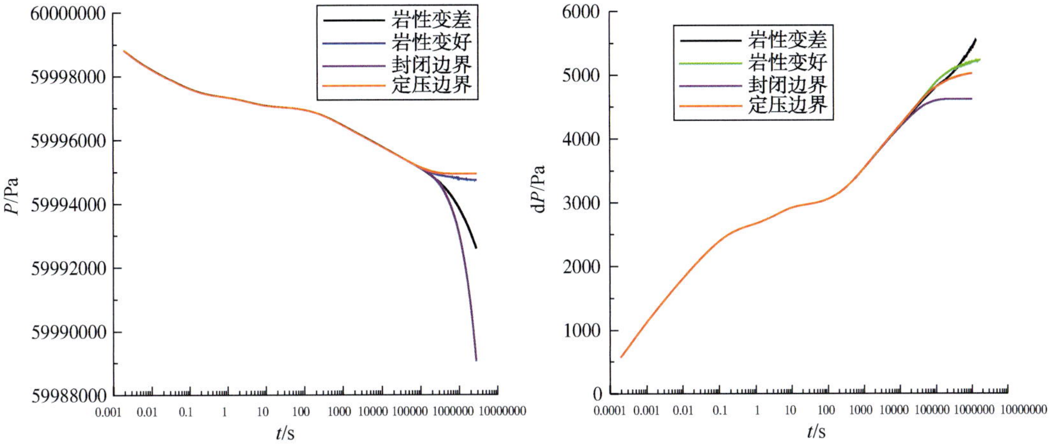

图2-29　复合油藏与均质、封闭定压边界压降压恢曲线对比图

2.4　三重连续介质数值试井反问题研究

2.4.1　自动拟合技术求解试井反问题的理论基础—高斯牛顿反演法

总的来说，目前用于求解试井反问题的自动拟合技术都是基于某种最优化方法让计算机自动调整参数，在一定约束条件下，实现理论曲线与实测曲线的最佳拟合。本文使用的最优化方法是在地球物理反演中的高斯牛顿法的基础上完善而成的。这种方法适用于多参数复杂模型的快速寻优重建，具有较好的稳定性和模型分辨率。

在地球物理反演领域，人们很早运用最优化方法来重建地下信息，并且逐渐成为一门独立的学科：地球物理反演。下面使用的方法就是在地球物理反演中的高斯牛顿法的基础上完善的。

假设模型参数向量和观测数据向量的关系可表示为：

$$D\vec{m}=\vec{d} \tag{2-24}$$

式中，D 为正演算子；$\vec{m}$ 为模型参数向量；$\vec{d}$ 为真实模型的响应（观测数据向量）。

在一般情况下，D 是非线性的，应首先将其线性化。在一个初始模型 $\vec{m}_0$ 附近，将式（2-24）用泰勒级数展开：

$$\vec{d}=D\vec{m}_0+A\Delta\vec{m} \tag{2-25}$$

令：$\vec{d}_0=D\vec{m}_0$，有：

$$\Delta\vec{d}=A\Delta\vec{m} \tag{2-26}$$

上式即为用来进行反演的基本方程式，其中 A 为雅可比矩阵，且

$$A=\frac{\partial D}{\partial \vec{m}} \tag{2-27}$$

即：

$$A_{ij}=\frac{\partial d_{ij}}{\partial m_i} \tag{2-28}$$

在试井解释的条件下，式(2-26)是超定的，不能直接求解。通常采用最小方差法来求解。

设目标函数为：

$$E=(d_{obs}-d)^{T}(d_{obs}-d) \tag{2-29}$$

将式(2-26)代入上式，并令 E 对模型参数修正量的导数为零，可得

$$A^{T}A\Delta\vec{m}=A^{T}\Delta d_{obs} \tag{2-30}$$

上述式(2-29)、式(2-30)中的 Δd_{obs} 为观测数据与初始模型的正演计算值之差，为已知，故由式(2-30)可求得模型参数的修正量 $\Delta\vec{m}$，从而

$$\vec{m}=\vec{m}_0+\Delta\vec{m} \tag{2-31}$$

将修正后的模型重复上述做法，直到满足一个给定的收敛条件为止。

2.4.2　试井曲线自动拟合方法

反演的基本原理如上述，但这里我们引入几项新的技术。在复杂模型的多参数反演中，如果某些参数已经根据别的资料获得，反演中可以将其固定为已知值，从而可减少反演参数的个数，提高反演的可靠性。另外，由于此处反演所依赖的试井理论曲线的计算过程不存在解析表达式，故我们采用参数摄动法求解雅可比矩阵。在已有反演结果 $\vec{m}_k$ 的基础上，依次对 $\vec{m}_k$ 的元素进行随机摄动，得到 n 次正演结果，与 $\vec{m}_k$ 的正演结果之差除以摄动量，有：

$$A_{ij}=\frac{\partial d_j^i}{\partial m_i}=\frac{d_j^i-d^{m_k}}{\Delta m_i}\quad(i=1,\ \cdots,\ n;\ j=1,\ \cdots,\ m)$$
$$A_k=(A_{ij})_{n\times m} \tag{2-32}$$

从三重介质模型的参数敏感性分析可知，影响压力响应的参数有原始地层压力、表皮系数、井筒储集系数、裂缝渗透率、基质渗透率、溶洞渗透率、基质孔隙度、裂缝孔隙度、溶洞孔隙度、小裂缝间距、大裂缝间距、小裂缝特征长度、单位体积岩石中裂缝-基质、裂缝-溶洞接触面积。在这些参数中，原始地层压力和裂缝渗透率影响压力恢复曲线总体位置分布，即使是在压力-时间直角坐标图中，这些参数的影响也是显而易见的(除此之外的其他参数反映在压力响应的差别，直观上难以区分)。在半对数图上，表皮系数、井筒储集系数主要影响早期的曲线形状，而基质渗透率等其他参数的影响则是从半对数曲线上的两个拐弯处反映出来。可见，各

个参数对曲线的影响程度和方式是不同的。针对这样的特点，我们将原始地层压力、表皮系数、井筒储集系数、大裂缝渗透率作为主要解释参数，需要精确解释，其他参数作为次要解释参数，可以粗略解释。

值得指出的是，在现有单位制下，不同的参数在反演中具有不同的灵敏度，故在摄动法计算雅可比矩阵时，所采用的摄动值是不同的。有的参数还需要进行对数变换，每个参数的摄动量的确定可能需要多次反演试算。依据多次试算的经验，对于不同的观测数据，在计算反演的雅可比矩阵时，同一参数的摄动量差别不大。因此，对于反演的 14 个参数，我们首先固定其他 13 个参数不变，通过试算，逐个获得每个参数的摄动量参考值，这些值在大多数情况下是可用的。另外，在计算试井理论曲线时，时间间隔是根据正演模拟计算收敛性的需要设定的，一般数据点较多，而观测数据量相对较少，且一般不与正演计算中的时间点重合。因此，在反演计算中，按照收敛的需要进行正演的时间步长设计，然后依据观测数据的时间点进行插值采样，获得一套与观测数据时间点完全一致的正演响应数据。反演中，用这套数据去计算目标函数，拟合观测数据。对于本文研究的具体问题，我们在对数坐标中对理论计算数据进行插值采样，用采样后的数据进行反演。

2.4.3 反演算例

例 1：同时反演多个参数。利用表 2-5 中真实模型计算得到的试井曲线作为代拟合曲线，多个参数同时参与反演，拟合效果较好(见图 2-30)，参数反演结果与真实模型逼近。

表 2-5 多参数同时反演参数情况

参 数	初始模型	反演结果	真实模型
裂缝孔隙度 ϕ_F	0.1	0.1	0.01
裂缝间距 A/m	1	1	5
单位体积岩石中裂缝—基质 A_{FM}/裂缝—溶洞接触面积 A_{FV}/(m²/m³)	0.2	0.2	0.61
溶洞孔隙度 ϕ_V	0.05	0.05	0.01
小裂缝间距 a/m	5	5	1.6
小裂缝特征长度 l_x/m	5	5	3.472
单位体积岩石中基质—溶洞接触面积 A_{MV}/(m²/m³)	5	5	2.23
基质孔隙度 ϕ_M	0.2	0.17668883	0.263
基质渗透率 K_M/m²	1.000×10^{-16}	1.890×10^{-15}	1.572×10^{-16}
裂缝渗透率 K_F/m²	1.000×10^{-13}	1.931×10^{-13}	1.383×10^{-13}
溶洞渗透率(小裂缝渗透率) K_V/m²	1.000×10^{-15}	1.3225×10^{-15}	1.000×10^{-14}
原始地层压力 P_I/Pa	50000000	59999678.89377	60000000
表皮系数	2	1.73300482	0
井筒储集系数/(m³/MPa)	2.812×10^{-4}	2.8×10^{-4}	2.812×10^{-7}

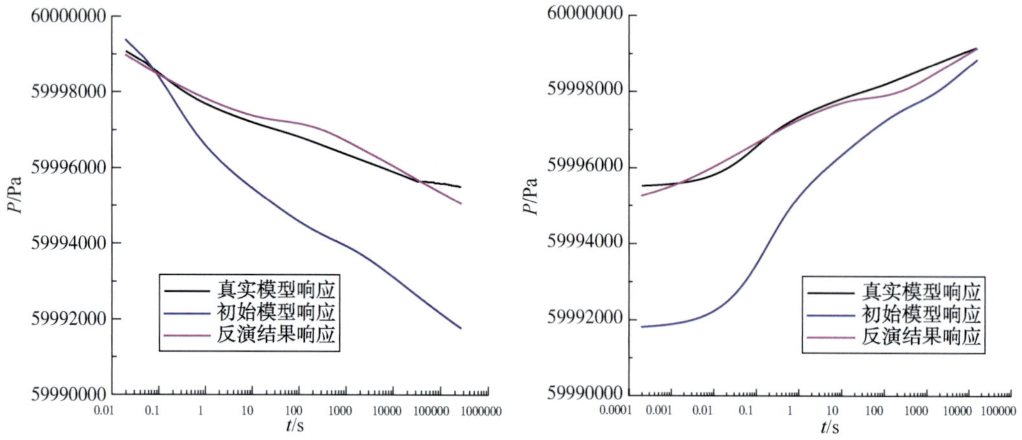

图 2-30　多参数同时反演的反演结果曲线

例 2：同时反演两个参数。利用表 2-6 中真实模型计算得到的试井曲线作为代拟合曲线，选取裂缝渗透率和原始地层压力作为待反演参数，得到很好的拟合效果（见图 2-31），参数反演结果与真实模型近乎一致。

表 2-6　同时反演两个参数反演结果

参　数	初始模型	反演结果	真实模型
裂缝孔隙度 ϕ_F	0.001	0.01	0.001
裂缝间距 A/m	5	5	5
单位体积岩石中裂缝—基质 A_{FM}/裂缝—溶洞接触面积 A_{FV}/(m^2/m^3)	0.61	0.61	0.61
溶洞孔隙度 ϕ_V	0.01	0.01	0.01
小裂缝间距 a/m	2.5	1.6	2.5
小裂缝特征长度 l_x/m	3.472	3.472	3.472
单位体积岩石中基质—溶洞接触面积 A_{MV}/(m^2/m^3)	2.23	2.23	2.23
基质孔隙度 ϕ_M	0.263	0.263	0.263
基质渗透率 K_M/m^2	1.572×10^{-16}	1.572×10^{-16}	1.572×10^{-16}
裂缝渗透率 K_F/m^2	1.000×10^{-13}	1.389846×10^{-13}	1.383×10^{-13}
溶洞渗透率(小裂缝渗透率) K_V/m^2	1.383×10^{-14}	1.383×10^{-14}	1.383×10^{-14}
原始地层压力 P_I/Pa	50000000	60000006.09791	60000000
表皮系数	0	0	0
井筒储集系数/(m^3/MPa)	2.812×10^{-7}	2.812×10^{-7}	2.812×10^{-7}

例 3：同时反演 5 个参数。选取裂缝渗透率、溶洞渗透率、原始地层压力、表皮系数和井筒储集系数作为未知参数，其他参数均与表 2-5 中一致，曲线拟合效果良好（见图 2-32），但溶洞渗透率、井筒储集系数解释精度较差（见表 2-7）。

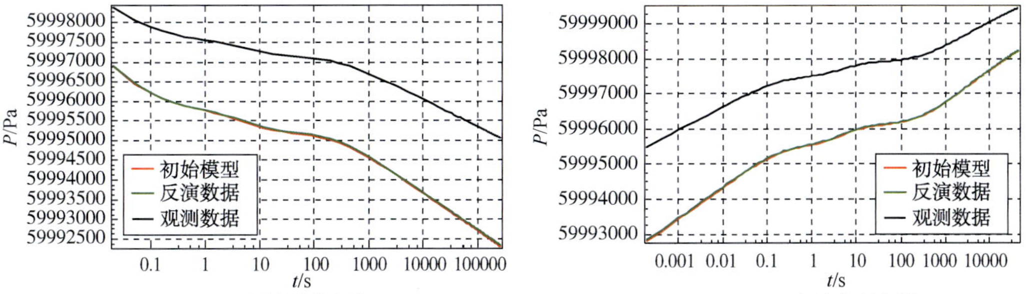

(a)压力降落曲线　　(b)压力恢复曲线

图 2-31　同时反演两个参数时的反演结果曲线

表 2-7　同时反演 5 个参数反演结果

参　数	初始模型	反演结果	真实模型
裂缝渗透率 K_F/m^2	2.383×10^{-13}	1.3998595×10^{-13}	1.383×10^{-13}
溶洞渗透率(小裂缝渗透率)K_V/m^2	1.000×10^{-14}	2.2548×10^{-14}	1.383×10^{-14}
原始地层压力 P_I/Pa	50000000	59999990.7239	60000000
表皮系数	2	0.100045	0
井筒储集系数/(m^3/MPa)	2.812×10^{-6}	1.3368×10^{-6}	2.812×10^{-7}

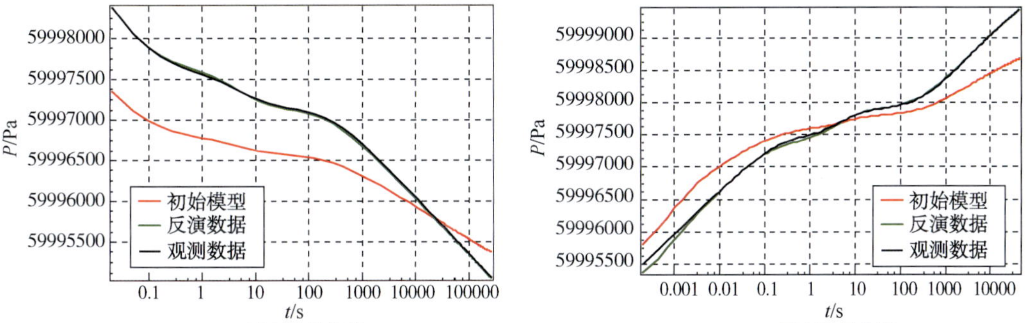

(a)压力降落曲线　　(b)压力恢复曲线

图 2-32　同时反演五个参数时的反演结果曲线

例 4：合适的扰动量对反演效果的影响。例 1、例 2 对每个反演参数均取同样的扰动量，下面通过选择合适的扰动量，对表 2-8 中 4 个参数同时进行反演，得到很好的拟合效果，求解参数也非常接近真实模型(见图 2-33)。

表 2-8　调整扰动量后 4 参数同时反演结果

参　数	初始模型	扰动量	反演结果	真实模型
基质孔隙度 ϕ_M	0.1	0.1	0.248	0.263
基质渗透率 K_M/m^2	1.000×10^{-16}	0.1	1.517×10^{-16}	1.572×10^{-16}
裂缝渗透率 K_F/m^2	1.000×10^{-13}	0.001	1.389×10^{-13}	1.383×10^{-13}
溶洞渗透率(小裂缝渗透率)K_V/m^2	1.000×10^{-14}	0.01	1.297×10^{-14}	1.383×10^{-14}

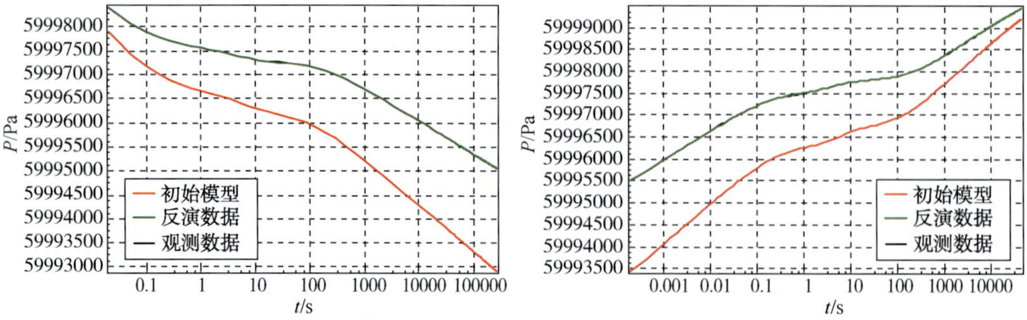

(a)压力降落曲线拟合　　(b)压力恢复曲线拟合

图 2-33　调整扰动量后 4 个参数同时反演结果曲线

例 5：根据曲线形态重新确立反演参数的自动拟合。同例 3，但反演参数为 5 个，经过第一轮反演之后，反演模型和观测数据之间在第 1 过渡段出现差异，其他部分均拟合得很好(见图 2-34)。根据敏感性分析结果，在反演参数中影响第 1 过渡段相态的参数是溶洞渗透率。为了进一步改善拟合效果，在此基础上，用第一轮反演的初值，单独对溶洞渗透率进行反演，进行第二轮的曲线拟合，结果见图 2-35，拟合和求参效果均得到改善(见表 2-9)。

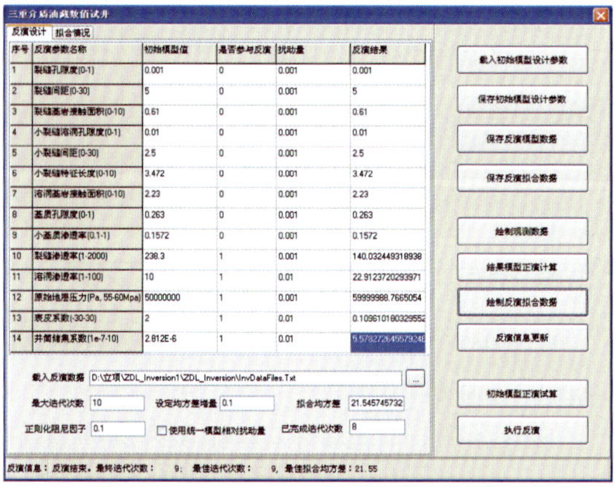

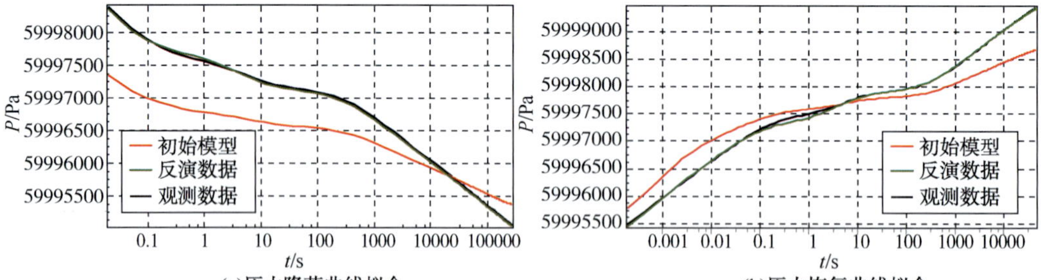

(a)压力降落曲线拟合　　(b)压力恢复曲线拟合

图 2-34　调整扰动量后 5 个参数同时反演结果曲线(第一轮反演)

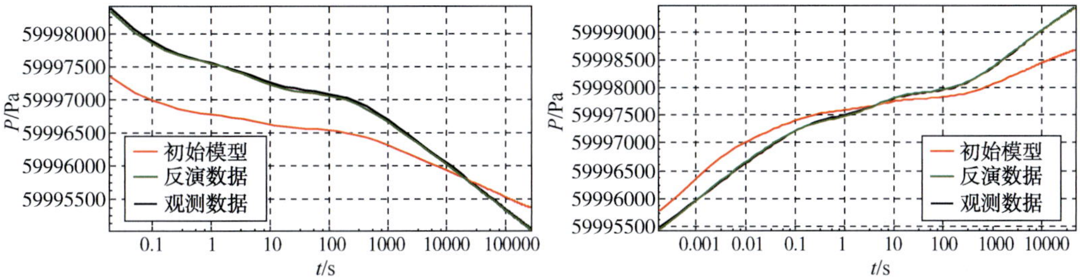

(a)压力降落曲线拟合　　(b)压力恢复曲线拟合

图 2-35　调整扰动量后 5 个参数同时反演结果曲线(第二轮反演)

表 2-9　调整扰动量后五个参数同时反演参数情况

参　数	初始模型	扰动量	反演结果	真实模型
裂缝渗透率 K_F/m^2	2.383×10^{-13}	0.001	140.032×10^{-13}	1.383×10^{-13}
溶洞渗透率(小裂缝渗透率)K_V/m^2	1.000×10^{-14}	0.01	2.291×10^{-14} /1.537×10^{-14}	1.383×10^{-14}
原始地层压力 P_I/Pa	50000000	0.001	59999988.7665054	60000000
表皮系数	2	0.01	0.109610	0
井筒储集系数/(m^3/MPa)	2.812×10^{-6}	0.01	5.578×10^{-7}	2.812×10^{-7}

例 6：调整扰动量后 6 个参数同时反演，由于初始模型和扰动量取得合适，6 个参数同时反演也得到了令人满意的结果(见表 2-10、图 2-36)。

表 2-10　调整扰动量后 6 参数同时反演参数情况

参　数	初始模型	扰动量	反演结果	真实模型
基质渗透率 K_M/m^2	1.000×10^{-16}	0.1	1.572958×10^{-16}	1.572×10^{-16}
裂缝渗透率 K_F/m^2	1.000×10^{-13}	0.001	138.2972×10^{-13}	1.383×10^{-13}
溶洞渗透率(小裂缝渗透率)K_V/m^2	1.000×10^{-14}	0.01	1.383604×10^{-14}	1.383×10^{-14}
原始地层压力 P_I/Pa	50000000	0.001	59999999.81	60000000
表皮系数	4	0.1	0.00000525	0
井筒储集系数/(m^3/MPa)	2.812×10^{-4}	0.01	2.592×10^{-7}	2.812×10^{-7}

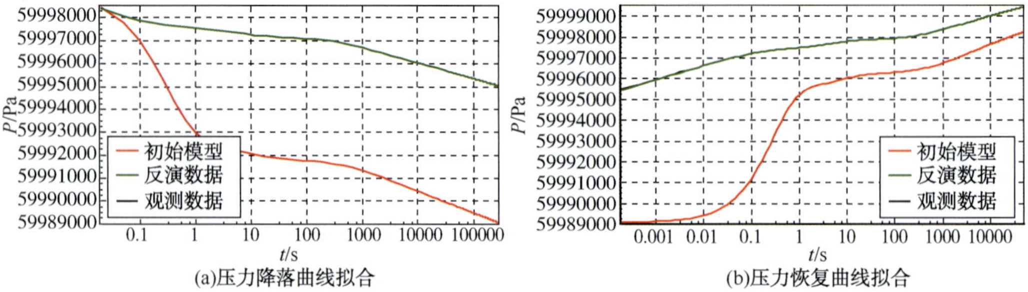

图 2-36　调整扰动量后 6 个参数同时反演结果曲线

2.5　小结

（1）高斯牛顿反演法能够成功拟合三重介质试井曲线，但随着未知参数的增多，一组合适的初值、恰当的扰动量是获得良好曲线拟合效果并得到准确的参数值的基础。

（2）通过利用缝洞型油藏三重介质试井模型解释具有这类特征的试井曲线，能够得到地层中裂缝、溶洞、基质三类介质的孔隙及渗透性，以及地层中大、小裂缝的间距、特征长度等具体值，比起常规的多重介质解析试井模型中窜流系数和储容比等参数来说，更便于油藏特征的描述。

（3）利用敏感性分析的结果，根据实测曲线与反演曲线之间的形状差异适当地确立待反演参数，可减少自动拟合的盲目性，提高拟合效率。

3 渗流—自由流耦合流动特征试井理论模型及试井分析方法

在现有的包括基质、裂缝和溶洞 3 类介质的缝洞型碳酸盐岩油藏的流体流动的数学模型中，溶洞要么被作为流体的储集空间，提供流体流动的源，要么被作为直接向井筒供液的通道。“通道(溶洞)”内的流体流动与在基质、裂缝中的一样，都服从达西定律。另外，不管溶洞的规模有多大，也不管溶洞的分布是否相对连续，反映整个缝洞型油藏的动力学行为的数学模型只是按照双重介质的思想直接推广到三重介质，即仍然沿用多重介质的概念处理。这两方面无论是在理论上还是在实际应用中都会遇到一些问题。因此，研究考虑基质、裂缝中流体的渗流力学性质和溶洞中流体的流体力学性质的缝洞型碳酸盐岩油藏流体流动的动力学基础，建立其数学模型，使之更好地反映缝洞型油藏流体流动特征，并在此基础上发展和完善试井分析方法。

3.1 大型溶洞裂缝中流体流动的运动方程

实际牛顿流体运动方程式，即诺维-斯托克斯方程式(Navier-Stokes)的形式，以分量形式表示：

$$\rho\frac{\mathrm{d}u_x}{\mathrm{d}t}=\rho X-\frac{\partial p}{\partial x}+\frac{\partial}{\partial x}\left[\mu\left(2\frac{\partial u_x}{\partial x}-\frac{2}{3}\mathrm{div}u\right)\right]+\frac{\partial}{\partial y}\left[\mu\left(\frac{\partial u_x}{\partial y}+\frac{\partial u_y}{\partial x}\right)\right]+\frac{\partial}{\partial z}\left[\mu\left(\frac{\partial u_z}{\partial x}+\frac{\partial u_x}{\partial y}\right)\right] \tag{3-1}$$

$$\rho\frac{\mathrm{d}u_y}{\mathrm{d}t}=\rho Y-\frac{\partial p}{\partial y}+\frac{\partial}{\partial y}\left[\mu\left(2\frac{\partial u_y}{\partial y}-\frac{2}{3}\mathrm{div}u\right)\right]+\frac{\partial}{\partial z}\left[\mu\left(\frac{\partial u_y}{\partial z}+\frac{\partial u_z}{\partial y}\right)\right]+\frac{\partial}{\partial x}\left[\mu\left(\frac{\partial u_x}{\partial y}+\frac{\partial u_y}{\partial x}\right)\right] \tag{3-2}$$

$$\rho\frac{\mathrm{d}u_z}{\mathrm{d}t}=\rho Z-\frac{\partial p}{\partial z}+\frac{\partial}{\partial z}\left[\mu\left(2\frac{\partial u_z}{\partial z}-\frac{2}{3}\mathrm{div}u\right)\right]+\frac{\partial}{\partial x}\left[\mu\left(\frac{\partial u_x}{\partial x}+\frac{\partial u_x}{\partial z}\right)\right]+\frac{\partial}{\partial y}\left[\mu\left(\frac{\partial u_y}{\partial z}+\frac{\partial u_z}{\partial y}\right)\right] \tag{3-3}$$

当流体黏度不变时，表示为：

$$\rho\frac{\mathrm{d}w_x}{\mathrm{d}t}=\rho X-\frac{\partial p}{\partial x}+\frac{\mu}{3}\frac{\partial}{\partial x}(\mathrm{div}w)+\mu\left(\frac{\partial^2 u_x}{\partial x^2}+\frac{\partial^2 u_x}{\partial y^2}+\frac{\partial^2 u_x}{\partial z^2}\right) \tag{3-4}$$

$$\rho\frac{\mathrm{d}w_x}{\mathrm{d}t}=\rho X-\frac{\partial p}{\partial x}+\frac{\mu}{3}\frac{\partial}{\partial x}(\mathrm{div}w)+\mu\left(\frac{\partial^2 u_x}{\partial x^2}+\frac{\partial^2 u_x}{\partial y^2}+\frac{\partial^2 u_x}{\partial z^2}\right) \tag{3-5}$$

$$\rho\frac{\mathrm{d}w_x}{\mathrm{d}t}=\rho X-\frac{\partial p}{\partial x}+\frac{\mu}{3}\frac{\partial}{\partial x}(\mathrm{div}w)+\mu\left(\frac{\partial^2 u_x}{\partial x^2}+\frac{\partial^2 u_x}{\partial y^2}+\frac{\partial^2 u_x}{\partial z^2}\right) \tag{3-6}$$

写成向量形式：

$$\rho\frac{\mathrm{d}u}{\mathrm{d}t}=\rho f-\nabla p+\frac{\mu}{3}\nabla(\nabla\cdot u)+\mu\nabla^2 u \tag{3-7}$$

对于不可压缩流体，因为$\nabla\cdot u=0$，可写成：

$$\rho\frac{\mathrm{d}u}{\mathrm{d}t}=\rho f-\nabla p+\mu\nabla^2 u \tag{3-8}$$

如果体积力只考虑重力，$\rho f=-\nabla(\rho gh)$，将其与流体静压力 p 合并，$P=p+\rho gh$，P 为压力势函数。

因此，在等温、流体黏度、密度均为常数(不可压缩流体)条件下，实际牛顿流体的 Navier-Stokes 方程为：

$$\rho\frac{\mathrm{d}u}{\mathrm{d}t}=-\nabla P+\mu\nabla^2 u \tag{3-9}$$

在低雷诺数的条件下，如雷诺数 $Re<<1$，动量方程变为用如下 Stokes 方程：

$$\nabla P=\mu\nabla^2 u \tag{3-10}$$

以上两式即为描述大型溶洞裂缝中流体流动的运动方程。

3.2 多孔介质(含有小型溶洞、溶孔裂缝的岩块)中流体的运动方程

Darcy 方程、Darcy-Brinkman 方程：

$$\nabla P_{\mathrm{P}}=-\frac{\mu}{K}V_{\mathrm{P}} \tag{3-11}$$

$$\nabla P_{\mathrm{P}}=-\frac{\mu}{K}V_{\mathrm{P}}+\mu'\nabla^2 V_{\mathrm{P}} \tag{3-12}$$

为了与溶洞、裂缝中的方程相耦合，多孔介质中选择的方程不但要能够正确表示流动，还要满足由耦合带来的其他特点。

Darcy 定律满足均质、各向同性、低孔隙介质中的缓变牛顿流，这一点已通过许多早期的实验所证实。该定律的理论证明，或者通过确定性方法，或者通过统计模型，也已被证实。达西定律忽略了惯性力和形态阻力对流动的影响，使速度和压力降之间呈线性关系。然而，方程最严重的局限在于它不能表示孔隙介质边界附近的水动力学特征。Ishizawa 和 Hori 对通过孔隙壁进入一个均匀的窄孔道对轴对称流进行了理论分析，证实了孔隙表面滑脱速度的存在。Beavers 和 Joseph 通过实验证明了与自由流相邻的孔隙流附近的剪切机理的存在。因为达西方程缺少一项宏观的剪切项，因此它不能预测自由流/孔隙流交界面处边界层附近的水动力学参数。

与 Darcy 定律相比，Darcy－Brinkman 方程是非线性方程，最适合高孔隙度(>0.6)和高雷诺数(>10)流动，孔隙中的惯性力开始起作用，它可看作在达西流的基础上叠加了界面效应。Darcy－Brinkman 方程缺少实验方面的支持，然而，Kladias 和 Prasad 通过实验研究讨论了它的适用范围。很多研究人员在方程的验证方面做了很多工作。显然，在耦合流动问题中，Darcy－Brinkman 方程的使用没有特别的困难。方程的二阶速度项使得所有与界面垂直或相切的独立变量都能定义为穿过自由流/孔隙流界面的连续函数。使用该方程的唯一明显的困难是，界面边界层需要复杂的网格分辨或解的平滑技术。

几乎所有天然产生的孔隙介质孔隙度都比 Brinkman 方程的适用范围要低，在天然孔隙流动通常都在低雷诺数范围(缓变流)。因此，达西方程还是提供了最优的动量方程的形式，尽管 Darcy－Brinkman 方程与诺维－斯托克斯方程在数学上更容易耦合。

3.3 自由流/孔隙流分界面边界条件

(1) 当孔隙流用 Darcy 定律表示时，满足以下边界条件：

Jones 对 Beavers－Joseph 条件的修正，表示达西滑移现象的产生是由剪切应力产生的，而不是剪切速度。在二维条件下：

$$\left(\frac{\partial v}{\partial x}+\frac{\partial u}{\partial y}\right)_f=\frac{\gamma}{\sqrt{K}}(u_f-u_p) \tag{3-13}$$

式中，γ 为滑移系数，依赖于孔隙介质本身的特性，与流体无关；K 为与方向无关的孔隙介质的渗透率(见图 3-1)。

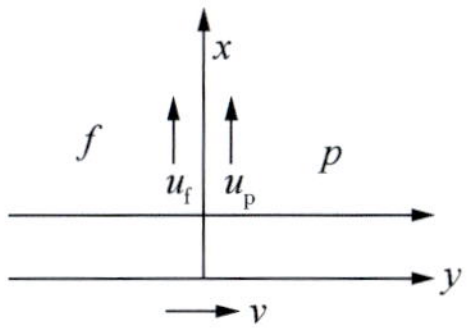

图 3-1 二维情形下 Beavers－Joseph 条件示意图

在三维情形下，Beavers－Joseph 条件推广为：

x－y 平面：

$$\left(\frac{\partial v}{\partial x}+\frac{\partial u}{\partial y}\right)_f=\frac{\gamma_{yz}}{\sqrt{K_{yy}}}(v_f-v_p) \tag{3-14}$$

x－z 平面：

$$\left(\frac{\partial w}{\partial x}+\frac{\partial u}{\partial z}\right)_f=\frac{\gamma_{yz}}{\sqrt{K_{zz}}}(w_f-w_p) \tag{3-15}$$

式中，γ_{yz} 为 y－z 平面(自由流/孔隙流的分界面)的滑移系数(见图 3-2)。

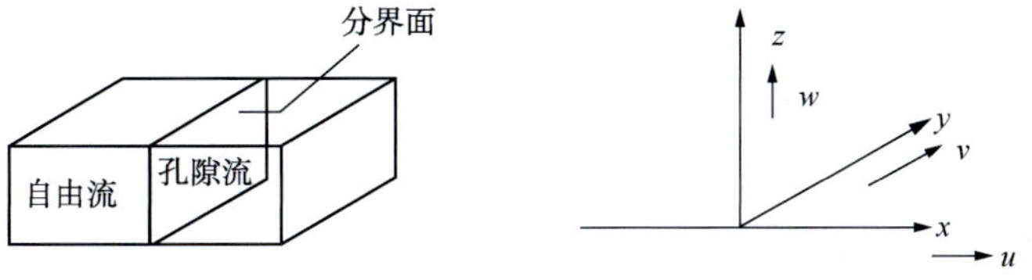

图 3-2 三维情形下 Beavers－Joseph 条件示意图

法向速度连续：

$$u_f = u_p \tag{3-16}$$

压力边界条件：

$$\left(-P+2\mu\frac{\partial u}{\partial x}\right)_f = -P_p \tag{3-17}$$

（2）当孔隙流用 Darcy-Brinkman 方程表示时，满足以下边界条件：

速度连续：

$$V_f = V_p \tag{3-18}$$

压力连续：

$$P_f = P_p \tag{3-19}$$

3.4 连续性方程

对于自由流动，微分形式的欧拉型连续方程式：

$$\frac{\partial\rho}{\partial t}+\nabla\cdot(\rho V)=0 \tag{3-20}$$

$$\frac{\partial\rho}{\partial t}+\rho\,\nabla\cdot V+\nabla\rho\cdot V=0 \tag{3-21}$$

由于$\frac{d\rho}{dt}=\frac{\partial\rho}{\partial t}+\nabla\rho\cdot V$。对于不可压缩流体，流体微团沿其迹线流动时密度保持不变，即密度的随体导数为 0，$\frac{d\rho}{dt}=0$。

由于$\rho\neq0$，故不可压缩流体连续性方程式为：

$$\nabla\cdot V_f=0 \tag{3-22}$$

在多孔介质中，连续性方程的一般形式为：

$$\nabla\cdot\left(\frac{K\rho}{\mu}\nabla\Phi\right)=\frac{\partial(\phi\rho)}{\partial t} \tag{3-23}$$

若不考虑岩石和流体的压缩型，有$\frac{\partial(\phi\rho)}{\partial t}=0$，由以上两式得：$\nabla\cdot V_p=0$。

3.5 耦合流动试井数学模型

对于存在大尺度溶洞这类储存介质表征单元体不存在的情况时，井与溶洞分布位置的关系存在以下几种可能：①井周围存在孤立溶洞；②井钻遇较大型溶洞；③井周围存在溶洞，通过裂缝与井沟通。如图 3-3 所示。如果井周围存在孤立溶洞，这些溶洞中的流体不会对井的生产动态造成影响，也不会对试井结果产生影响。换句话说，试井分析解释不出井周的孤立溶洞。这种情况，我们就不再考虑。以下建立的模型是针对第二种情况。对于第三种情况，将在下一步的工作中加以研究。

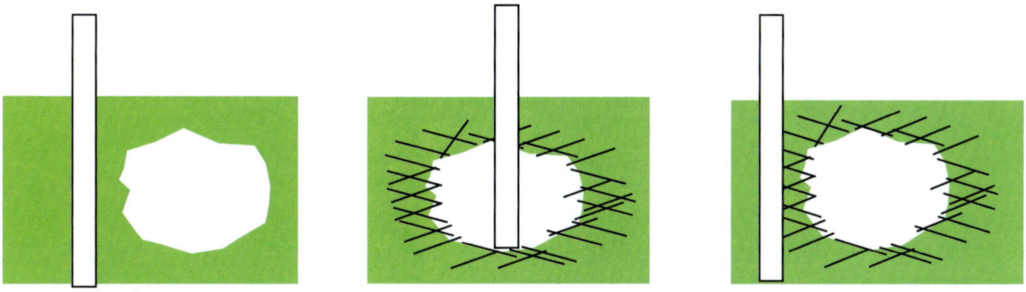

(a)井周围存在孤立溶洞　　(b)井钻遇较大型溶洞　　(c)井周围溶洞通过裂缝与井沟通

图 3-3　井与周围大尺度溶洞分布关系模式图

如图 3-4 所示，在轴对称圆形区域中，从井筒到半径 R_f 处为溶洞、自由流动区、R_f 外为渗流区、外边界为封闭边界。在渗流区，考虑微可压缩流体，在自由流动区，考虑不可压缩流体。生产期，流量为恒定为 q。

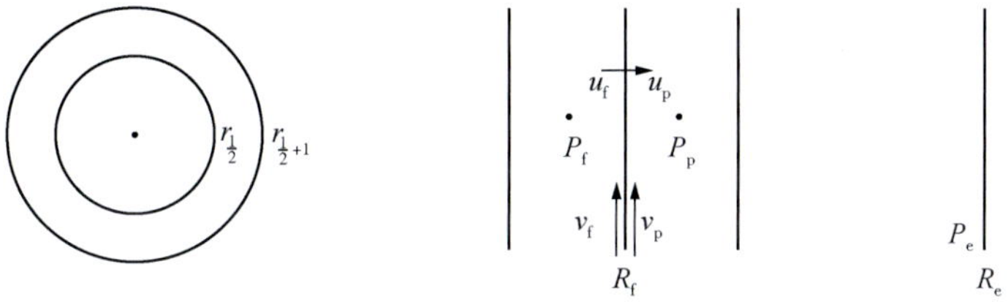

图 3-4　柱坐标系下耦合流动试井模型示意图

在渗流区，考虑微可压缩流体：

$$\nabla P_P = -\frac{\mu}{K} V_P \tag{3-24}$$

$$\nabla^2 P_P = \frac{\phi \mu C_t}{K} \frac{\partial P}{\partial t} \tag{3-25}$$

在自由流动区，考虑不可压缩流体：

$$\rho \frac{dV_f}{dt} = -\nabla P_f + \mu \nabla^2 V_f \tag{3-26}$$

$$\nabla \cdot V_f = 0 \tag{3-27}$$

外边界，封闭边界，渗流区：

$$\frac{\partial P_P}{\partial r} = 0 \tag{3-28}$$

内边界，自由流动区，生产期，流量为 q；压力恢复期，流量为 0。

$$V_f 2\pi r_w h = q \tag{3-29}$$

$$P_w = P_f \big|_{r=r_w} \tag{3-30}$$

初始条件，

$$P(r,\ 0) = P_i \tag{3-31}$$

3.6 耦合流动试井数值模型

(1) 渗流区域。在柱坐标系下，式(3-25)变为：

$$\frac{1}{r}\frac{\partial}{\partial r}\left(r\frac{\partial P}{\partial r}\right)=\frac{\phi\mu C_t}{K}\frac{\partial P}{\partial t} \tag{3-32}$$

以井为中心对渗流区域采用平面径向网格，令 $\Delta x=\ln(r_e/r_w)/N$，N 为径向上的网格数，$r_{i+1/2}=r_w e^{i\Delta x}$，$r_i=r_w e^{(i-\frac{1}{2})\Delta x}$，$r_{1/2}=r_w$，$r_{N+1/2}=r_e$。

由于方程本质上表达的是一个质量守恒关系，因此直接在离散后的网格上也利用质量守恒，对任意网格，都应遵循以下几点。

单位时间内：流入流量-流出流量=流量的变化。

由达西定律：$V=\frac{K}{\mu}\frac{\mathrm{d}p}{\mathrm{d}r}$。

对平面径向渗流，$Q=A\cdot V=2\pi rh\frac{K}{\mu}\frac{\mathrm{d}p}{\mathrm{d}r}$。

取从 r_i 到 r_{i+1} 的圆环为微元体，对上式从 r_i 到 r_{i+1} 积分得：$\int_{r_i}^{r_{i+1}}\mathrm{d}p=\frac{q\mu}{2\pi hK}\int_{r_i}^{r_{i+1}}\frac{\mathrm{d}r}{r}$，则 $q=\frac{K}{\mu}2\pi h\frac{[p_{gi+1}-p_{gi}]}{\ln\frac{r_{i+1}}{r_i}}$。

短时间段内流入流出的质量可近似用稳定流的公式表示，故第 i 个网格单位时间流入的流量为$\frac{K}{\mu}2\pi h\frac{[p_{i+1}-p_i]}{\ln\frac{r_{i+1}}{r_i}}$，单位时间流出的流量为$\frac{K}{\mu}2\pi h\frac{[p_i-p_{i-1}]}{\ln\frac{r_{i+1}}{r_i}}$。

由于 $\ln\frac{r_i}{r_{i-1}}=\ln\frac{r_{i+1}}{r_i}=\Delta x$，上两式变为：$\frac{K}{\mu}2\pi h\frac{[p_{i+1}-p_i]}{\Delta x}$，$\frac{K}{\mu}2\pi h\frac{[p_i-p_{i-1}]}{\Delta x}$。

流量的变化为：$\frac{\phi\mu C_t}{K}\pi(r_{i+\frac{1}{2}}^2-r_{i-\frac{1}{2}}^2)h\frac{P_i^{n+1}-P_i^n}{\Delta t}$。

所以式(3-32)最终的离散形式为：

$$\frac{K}{\mu}2\pi h\frac{[p_{i+1}-p_i]}{\Delta x}-\frac{K}{\mu}2\pi h\frac{[p_i-p_{i-1}]}{\Delta x}=\frac{\phi\mu C_t}{K}\pi(r_{i+\frac{1}{2}}^2-r_{i-\frac{1}{2}}^2)h\frac{P_i^{n+1}-P_i^n}{\Delta t} \tag{3-33}$$

式(3-24)的离散形式为：

$$\frac{P_{i+1}-P_{i-1}}{r_{i+1}-r_{i-1}}=-\frac{\mu}{K}u_{pi} \tag{3-34}$$

(2) 自由流动区域。在柱坐标系下，由于式(3-26)只有 r 方向分量，为：

$$\frac{\partial u}{\partial t}+u\frac{\partial u}{\partial r}=-\frac{1}{\rho}\frac{\partial P}{\partial r}+\frac{\mu}{\rho}\frac{\partial}{\partial r}\left[\frac{1}{r}\frac{\partial}{\partial r}(ru)\right] \tag{3-35}$$

取 $r_{i-\frac{1}{2}}$，$r_{i+\frac{1}{2}}$间的圆柱环构成的微元体作为控制体，对上式两端在微元体内体积分得：$2\pi h\int_{r_{i-\frac{1}{2}}}^{r_{i+\frac{1}{2}}}\frac{\partial u}{\partial t}r\mathrm{d}r=-2\pi h\int_{r_{i-\frac{1}{2}}}^{r_{i+\frac{1}{2}}}u\frac{\partial u}{\partial r}r\mathrm{d}r-\frac{1}{\rho}2\pi h\int_{r_{i-\frac{1}{2}}}^{r_{i+\frac{1}{2}}}\frac{\partial P}{\partial r}r\mathrm{d}r+\frac{\mu}{\rho}2\pi h\int_{r_{i-\frac{1}{2}}}^{r_{i+\frac{1}{2}}}\left[\frac{1}{r}\frac{\partial}{\partial r}\left(r\frac{\partial u}{\partial r}\right)-\frac{u}{r^2}\right]r\mathrm{d}r$。

左端第一项：$\dfrac{\pi h(r_{i+\frac{1}{2}}^2-r_{i-\frac{1}{2}}^2)(u_i^{n+1}-u_i^n)}{\Delta t}$。

右端第三项：$\frac{\mu}{\rho}2\pi h\int_{r_{i-\frac{1}{2}}}^{r_{i+\frac{1}{2}}}\left[\frac{1}{r}\frac{\partial}{\partial r}\left(r\frac{\partial u}{\partial r}\right)-\frac{u}{r^2}\right]r\mathrm{d}r=\frac{\mu}{\rho}2\pi hr_{i+\frac{1}{2}}\frac{\partial u}{\partial r}\Big|_{i+\frac{1}{2}}-\frac{\mu}{\rho}2\pi hr_{i-\frac{1}{2}}\frac{\partial u}{\partial r}\Big|_{i-\frac{1}{2}}-\frac{\mu}{\rho}2\pi h\int_{r_{i-\frac{1}{2}}}^{r_{i+\frac{1}{2}}}\frac{u}{r^2}r\mathrm{d}r$ $-2\pi h\int_{r_{i-\frac{1}{2}}}^{r_{i+\frac{1}{2}}}u\frac{\partial u}{\partial r}r\mathrm{d}r=-\left(u\frac{\partial u}{\partial r}\right)_i\pi h(r_{i+\frac{1}{2}}^2-r_{i-\frac{1}{2}}^2)$ $-\frac{1}{\rho}2\pi h\int_{r_{i-\frac{1}{2}}}^{r_{i+\frac{1}{2}}}\frac{\partial P}{\partial r}r\mathrm{d}r=-\frac{1}{\rho}\left(\frac{\partial P}{\partial r}\right)_i\pi h(r_{i+\frac{1}{2}}^2-r_{i-\frac{1}{2}}^2)$ $-\frac{\mu}{\rho}2\pi h\int_{r_{i-\frac{1}{2}}}^{r_{i+\frac{1}{2}}}\frac{u}{r^2}r\mathrm{d}r=-\frac{\mu}{\rho}\left(\frac{u}{r^2}\right)_i\pi h(r_{i+\frac{1}{2}}^2-r_{i-\frac{1}{2}}^2)$，$\left(\frac{\partial P}{\partial r}\right)_i=\frac{P_{i+1}-P_{i-1}}{r_{i+1}-r_{i-1}}$，$\left(u\frac{\partial u}{\partial r}\right)_i=u_i\frac{u_{i+1}-u_{i-1}}{r_{i+1}-r_{i-1}}$，$\frac{\partial u}{\partial r}\Big|_{i+\frac{1}{2}}=\frac{u_{i+1}-u_i}{r_{i+1}-r_i}$，$\frac{\partial u}{\partial r}\Big|_{i-\frac{1}{2}}=\frac{u_{i-1}-u_i}{r_{i-1}-r_i}$。

所以，方程离散的完整形式为：

$$\frac{\pi h(r_{i+\frac{1}{2}}^2-r_{i-\frac{1}{2}}^2)(u_i^{n+1}-u_i^n)}{\Delta t}=-u_i\frac{u_{i+1}-u_{i-1}}{r_{i+1}-r_{i-1}}\pi h(r_{i+\frac{1}{2}}^2-r_{i-\frac{1}{2}}^2)-\frac{1}{\rho}\frac{P_{i+1}-P_{i-1}}{r_{i+1}-r_{i-1}}\pi h(r_{i+\frac{1}{2}}^2-r_{i-\frac{1}{2}}^2)+$$
$$\frac{\mu}{\rho}2\pi hr_{i+\frac{1}{2}}\frac{u_{i+1}-u_i}{r_{i+1}-r_i}-\frac{\mu}{\rho}2\pi hr_{i-\frac{1}{2}}\frac{u_{i-1}-u_i}{r_{i-1}-r_i}-\frac{\mu}{\rho}\pi h(r_{i+\frac{1}{2}}^2-r_{i-\frac{1}{2}}^2)\frac{u_i}{r_i^{\ 2}} \tag{3-36}$$

式(3-27)在柱坐标系中形式为：$\frac{1}{r}\frac{\partial(ru)}{\partial r}=0$。

离散为：

$$\frac{\partial(ru)}{\partial r}=\frac{r_{i+1}u_{i+1}-r_{i-1}u_{i-1}}{r_{i+1}-r_{i-1}}，即，r_{i+1}u_{i+1}-r_{i-1}u_{i-1}=0 \tag{3-37}$$

(3) 衔接条件。

法向速度连续：

$$u_{\mathrm{f}}|_i=u_{\mathrm{p}}|_i \tag{3-38}$$

压力边界条件：

$$\left(-P+2\mu\frac{\partial u}{\partial r}\right)_{\mathrm{f}}=-P_{\mathrm{p}}$$
$$\left(-P_i+2\mu\frac{u_i-u_{i-1}}{r_i-r_{i-1}}\right)_{\mathrm{f}}=-P_{\mathrm{p}i} \tag{3-39}$$

(4) 边界条件。

外边界，封闭边界，渗流区：

$$\frac{\partial P_P}{\partial r}=0,\quad -\frac{K}{\mu}2\pi h\frac{[P_N-P_{N-1}]}{\Delta x}=\frac{\phi\mu C_t}{K}\pi(r_{N+\frac{1}{2}}^2-r_{N-\frac{1}{2}}^2)h\frac{P_N^{n+1}-P_N^n}{\Delta t} \tag{3-40}$$

内边界，自由流动区，生产期流量为 q，压力恢复期流量为 0，$u_{f0}2\pi r_w h=q$，$P_w=P_{f0}$。

3.7 数值求解

求解步骤：

(1) 由内边界条件 $u_{f0}2\pi r_w h=q$ 及流量连续条件 $u_{fi}2\pi r_i h=q$，得到自由流动区任意位置处的速度。

(2) 由自由流动区和渗流区速度连续条件得到渗流边界处的速度 u_{pi}，进而得到渗流区域的压力 $p_{i+1}\sim p_n$(考虑表皮)，再由速度 u_{pi} 得到 p_{pi}。

(3) 由 $u(r)=\frac{q(t)}{2\pi rh}$，得 $\frac{\partial u}{\partial r}=-\frac{q(t)}{2\pi r^2h}$，再由 $\left(-P+2\mu\frac{\partial u}{\partial r}\right)_{fi}=-P_{pi}$，得 $P_{fi}=P_{pi}-2\mu\frac{q(t)}{2\pi r^2h}$。

(4) 由 $u(r)=\frac{q(t)}{2\pi rh}$，$\frac{\partial u}{\partial t}+u\frac{\partial u}{\partial r}=-\frac{1}{\rho}\frac{\partial P}{\partial r}+\frac{\mu}{\rho}\frac{\partial}{\partial r}\left[\frac{1}{r}\frac{\partial}{\partial r}(ru)\right]$，积分得：$P=P_e+\frac{\rho q(t)}{4\pi^2h^22}\left(\frac{1}{r_e{}^2}-\frac{1}{r^2}\right)+\frac{\rho\dot{q}(t)}{2\pi h}(\ln r_e-\ln r)$。

如果产量为常数 $\dot{q}(t)=0$，则 $P=P_e+\frac{\rho q(t)}{4\pi^2h^22}\left(\frac{1}{r_e^2}-\frac{1}{r^2}\right)$。当 $r=r_w$ 时，$P_w=P|_{r=r_w}$ 即为井底压力。这样可以得到产量为常数时，井底压降变化情况。

3.8 数值试井实例

3.8.1 单重介质—自由流耦合流动模型压降、压力恢复试井曲线特征

图 3-5 是在封闭边界条件下计算所得的耦合流动模型压降、压力恢复曲线，可以看出，曲线仍然反映出溶洞外渗流区的单重介质的特征。

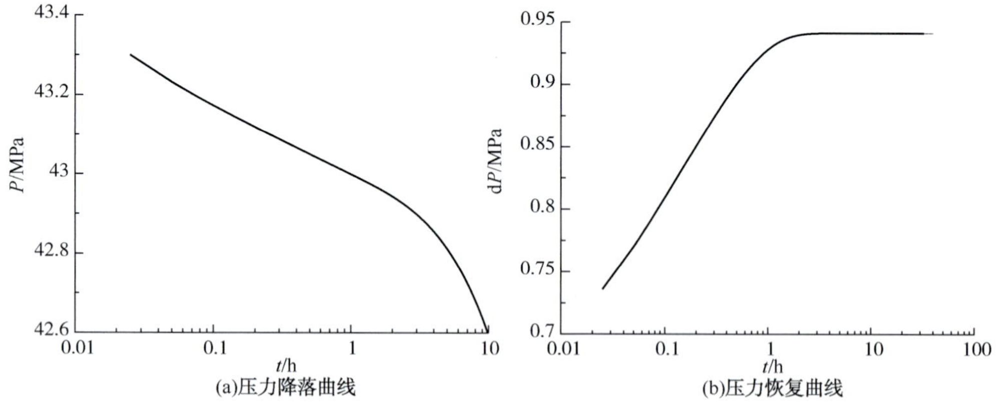

图 3-5 单重介质渗流—自由流耦合流动模型压降、压恢曲线

3.8.2 耦合流动模型流动规律

图 3-6 分别显示了封闭边界和定压边界不同直径溶洞周围压降分布对比，可看出溶洞中的压力相比渗流区的压力变化来说基本可近似看作等势体。这是因为，溶洞区中心井点处的压力只是在渗流区边缘处压力基础上附加一个与距离平方成反比的压降。说明如果在穿过溶洞的井中进行压降测试，所反映的压降基本为溶洞边缘处的压降情况。

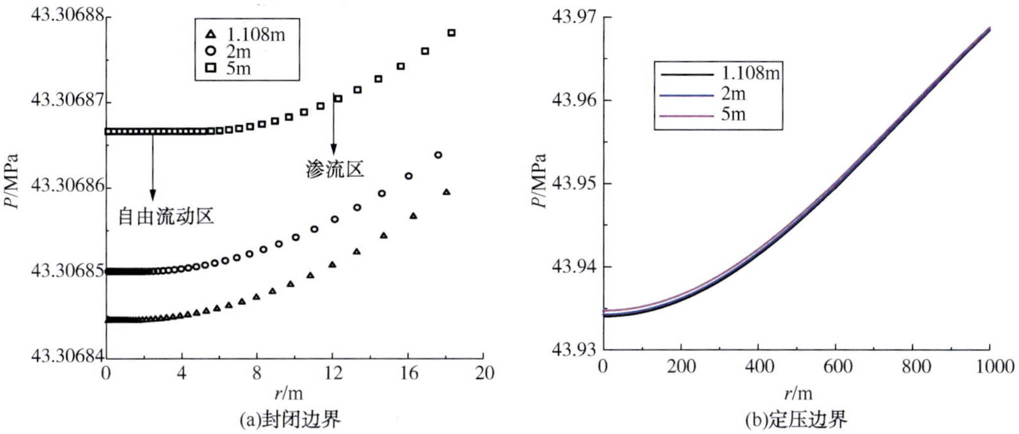

(a)封闭边界 (b)定压边界

图 3-6 不同溶洞大小周围压降情形对比

通过分析可以得出耦合流动模型流动规律有 3 方面的特点：

(1) 自由流动区，从溶洞边缘到井筒，压力仅有很缓慢的下降，此时溶洞内可近似看作一个等势体。

(2) 溶洞的存在相当于扩大了井筒半径；溶洞直径越大，相应的等效井筒半径越大。

(3) 穿过溶洞的井中进行压降测试，所反映的压降实际为溶洞边缘处的压降情况。

3.8.3 试井参数敏感性分析—自由流动区溶洞直径

图 3-7、图 3-8 分别为封闭边界和定压边界(外边界半径均为 1000m)下不同直径溶洞压降、压力恢复和恢复压差曲线对比效果。说明随着溶洞直径的增加，压降曲线往上平移，恢复压差曲线也随之向下平移，同时说明溶洞直径是试井曲线敏感性参数。

图 3-9、图 3-10 分别为封闭边界和定压边界下同样溶洞不同渗透率压降、压力恢复和恢复压差曲线对比效果。随着渗透率的增加，压降曲线往上平移，压力恢复曲线向下平移。这与单重介质中渗透率的影响规律相同。

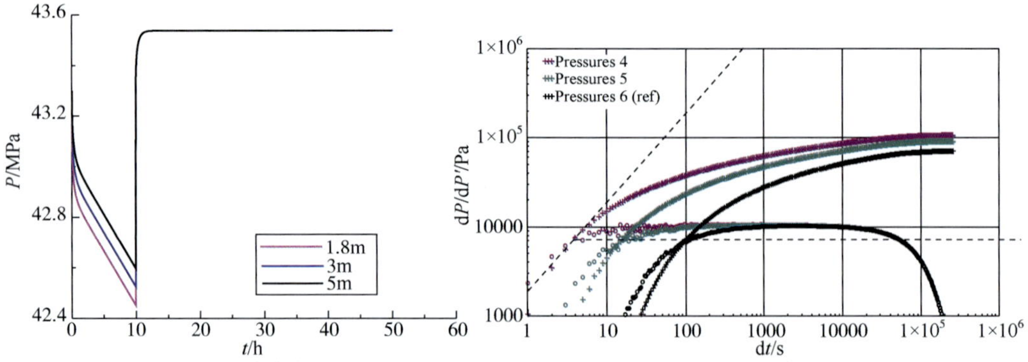

(a)压力降落曲线 (b)压力恢复曲线

图 3-7 不同直径溶洞压降、压力恢复曲线对比(封闭边界)

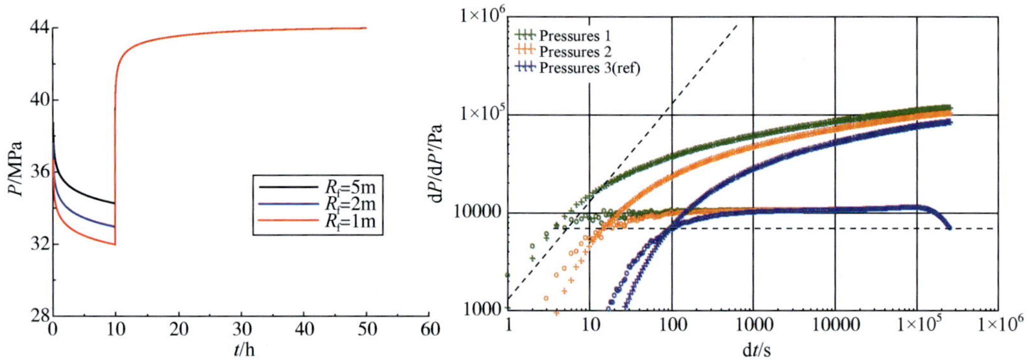

(a)压力降落曲线 (b)压力恢复曲线

图 3-8 不同直径溶洞压降、压力恢复曲线(定压边界)

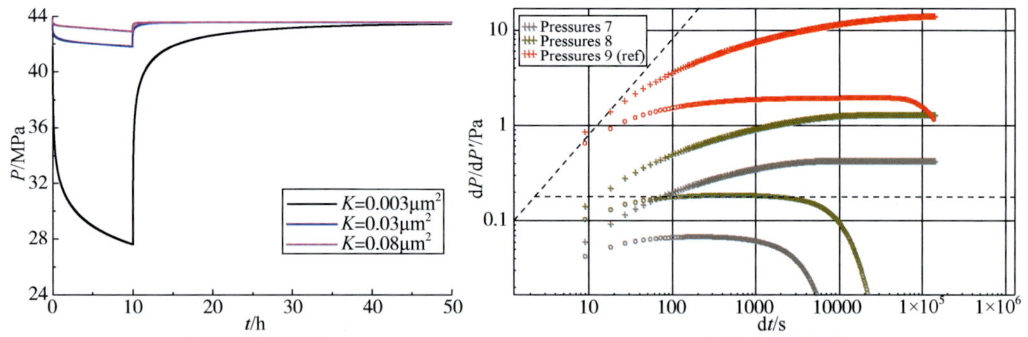

(a)压力降落曲线 (b)压力恢复曲线

图 3-9 同样溶洞不同渗透率压降、压力恢复曲线(封闭边界)

图 3-11、图 3-12 为不同表皮系数压降、压力恢复曲线对比。此表皮系数反映了溶洞边缘地层的损害程度。随着表皮系数的增加，压降曲线往上平移，压力恢复曲线向下平移，也显示了与单重介质相同的影响规律。另外，通过对图 3-7、图 3-8 与图 3-11、图 3-12 的比较，溶洞的增大相当于表皮系数负值的增加。

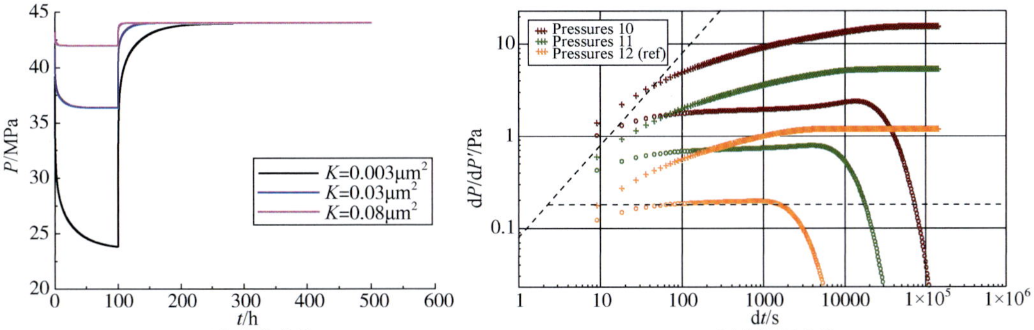

(a)压力降落曲线　　(b)压力恢复曲线

图 3-10　同样溶洞不同渗透率压降、压力恢复曲线对比(定压边界)

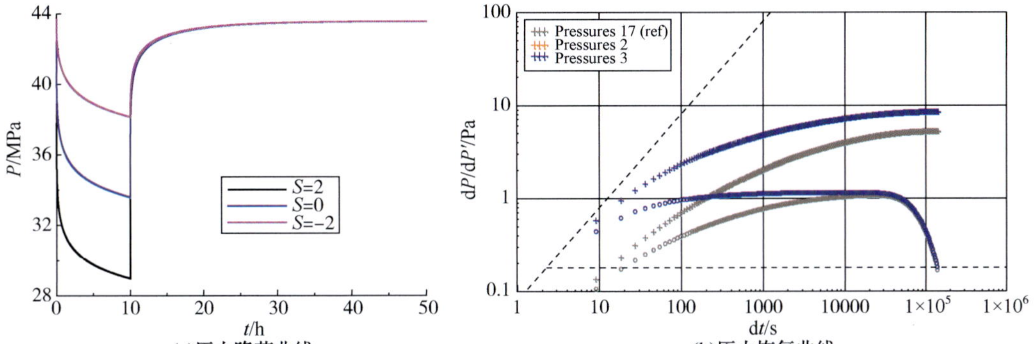

(a)压力降落曲线　　(b)压力恢复曲线

图 3-11　渗流区不同表皮系数压降、压力恢复曲线对比(封闭边界)

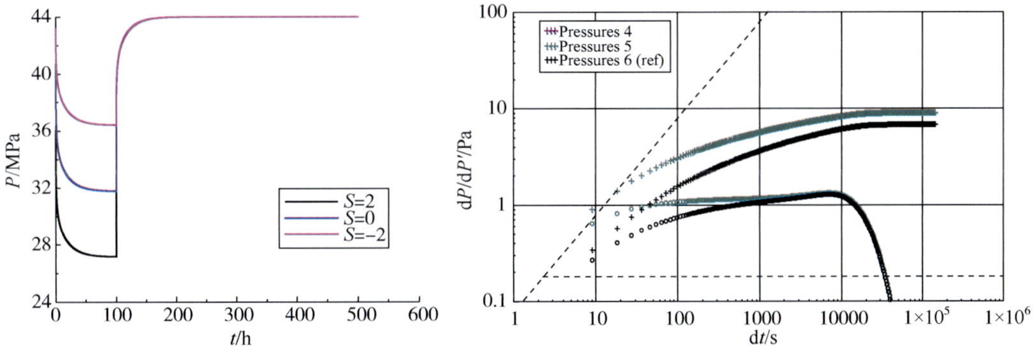

(a)压力降落曲线　　(b)压力恢复曲线

图 3-12　渗流区不同表皮系数压降、压力恢复曲线对比(定压边界)

在我们用常规试井模型解释这类试井资料时，大型溶洞可能表现为有效渗透率的增大，也可能表现为表皮系数的很大负值，但这都没有真正反映地层的情况。

3.8.4　双重介质、三重介质渗流—自由流耦合流动模型算例分析

图 3-13 为不同溶洞下双重介质渗流—自由流体耦合模型压降及压力恢复曲线对比。可见随着溶洞直径的增大，曲线形态总体上还保持着双重介质渗流特征；在压力恢复曲线上，曲线随溶洞的增大向上平移，并且在压力恢复的最初阶段呈水平

状态；在导数曲线上，随着溶洞直径的增大，压差和导数曲线的交点不断右移。

通过反问题的求解，同样可以得到自由流动区溶洞直径和体积以及渗流区的相应渗流参数(图 3-14)。

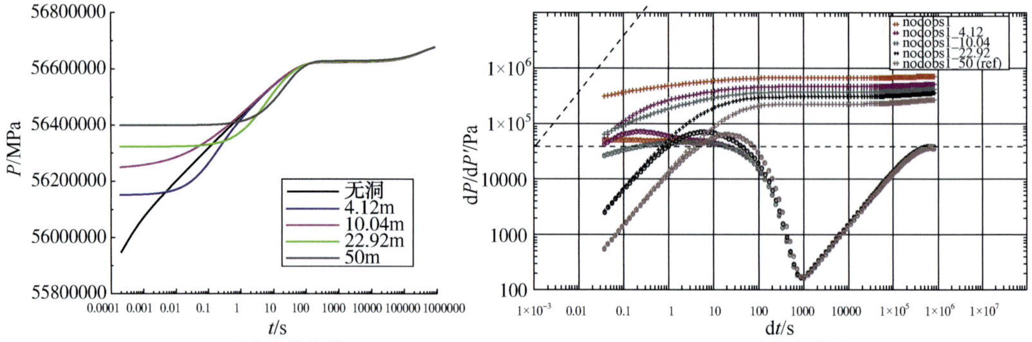

(a)压力降落曲线　　(b)压力恢复曲线

图 3-13　双重介质渗流—自由流动耦合模型压降、恢复压差曲线

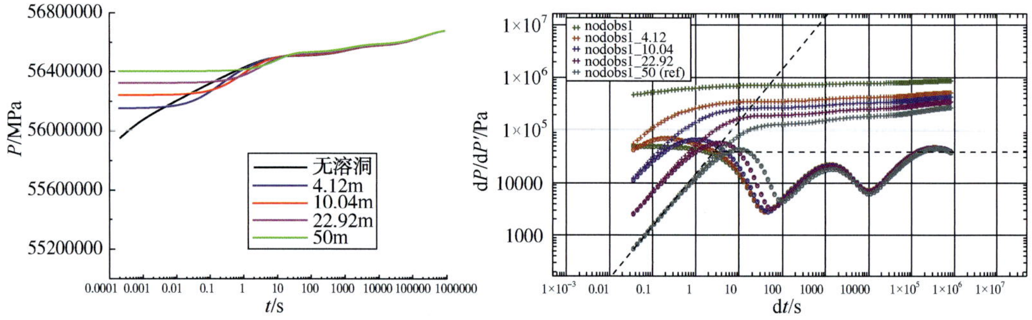

(a)压力降落曲线　　(b)压力恢复曲线

图 3-14　三重介质渗流—自由流动耦合模型压降、恢复压差曲线

3.9　小结

(1) 以上提出的渗流—自由流动耦合试井模型，首次将自由流动方式考虑在试井问题中，解决了无法用合适的地层参数表征井周围大洞的问题，扩充了传统试井分析方法的范围。

(2) 对于井穿过较大溶洞的情况，溶洞直径乃至体积、渗流区渗透率和溶洞边缘渗流区的表皮系数可作为该试井模型参数体系。通过求解反问题，可获取溶洞直径、体积、渗流区渗透率等试井参数，这为弄清缝洞型油藏的储层特征提供了宝贵的信息。

4 含有大尺度裂缝、溶洞的缝洞型油藏的数值试井模型及试井响应

缝洞型碳酸盐岩由油藏基质、裂缝和溶洞 3 类介质组成，基质的极低渗透性、裂缝形状和分布的无规律化、溶洞尺寸形状的不均匀使这 3 类介质以极其非均质的方式存在于这类油藏中。而目前，在反映缝洞型油藏动力学行为的数学模型中，不管溶洞或裂缝的规模有多大，也不管它们的分布是否相对连续，只是按照双重介质的思想直接推广到三重介质，即仍然沿用传统的多重介质的概念处理，这种多重介质概念假设裂缝、溶洞、基质在油藏中均匀分布。上述两者无论是在理论上还是在实际应用中，都会存在一些差异。比如，在油藏的开发中，有时井会钻遇较大型溶洞；有时井周围会存在较大型的裂缝，或者沟通底水，或者与溶洞相连。对于这些大尺度裂缝和溶洞，最直接的问题是无法恰当地描述它们的渗透性，因为它们的尺度已经超过了能够等效表示的特征尺度。有关文献提出可考虑大裂缝、溶洞的真实形状和大小及其流体力学的性质对介质的渗透性进行等效计算，但这无疑会增加巨大的工作量。另有相关文献提出了以 MSFLOW 数值模拟器为基础的数值试井模型，该模型具有两个优点：①在空间任一点处，可以根据实际地质情况，随意定义成单重介质、双重介质或三重介质，并且各点处的地层参数可以不同；②非结构网格的使用可以随意定义任意形状和大小的洞、缝，而不用拘泥于三重介质的物理参数的平均化和抽象化。这是我们研究的含有大尺度裂缝、溶洞的缝洞型油藏的数值试井模型的基础。

下面就含有大尺度裂缝和溶洞的三重介质缝洞型油藏进行特别的考虑。这也是进展(二)中提出的三重等效连续介质数值试井模型在应用方面的一个推广。

4.1 数值试井模型的多重介质方法

若油藏含有大尺度溶洞或裂缝，简而言之，处理的方法就是在模型中专门定义裂缝或溶洞网格，这些网格都是作为单重介质来考虑的。网格的形状大小可以根据裂缝、溶洞的具体形态来定，这更符合非均质性极强的缝洞型油藏的特点，也解决了缝洞型油藏“介质重数”的非均质性问题。根据需要，还可以针对与周围网格的关系进一步加密。而对于一般三重介质模型，油藏的所有点处都只能定义成抽象化、平均化为三重介质。

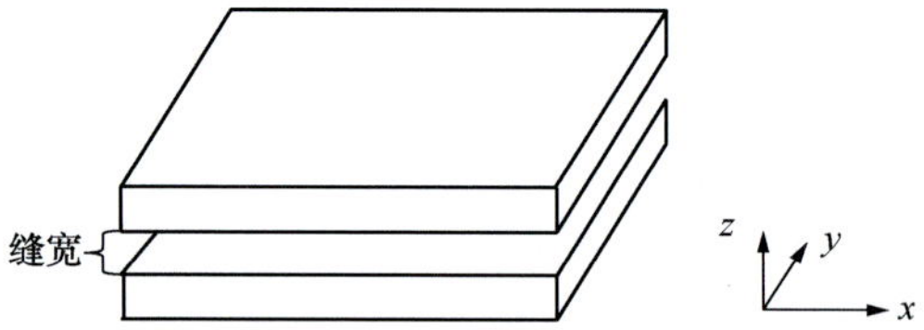

图 4-1　裂缝平板模型示意图

对于大尺度裂缝，采用裂缝平板模型，如图 4-1，假设缝宽为 W，则裂缝元素的渗透率为：

$$K_{x,y}=W^2/12,\ K_z=0 \qquad (4-1)$$

则裂缝元素与其他元素之间的传导系数仍由下式得到：

$$\gamma_{ij}=\frac{A_{ij}k_{ij+1/2}}{d_i+d_j} \qquad (4-2)$$

裂缝元素的体积可以根据缝宽、缝长和缝高的参数计算得到。对于大尺度溶洞，假设整个溶洞为一个等势体，这个要求只需将式(4-2)中溶洞元素与相邻元素交界面的距离 D_i 设为 0 即可达到，而溶洞内的渗透率则可取任意有限值。溶洞元素的体积仍按照其空间形状计算。经过这样的处理，大尺度裂缝和溶洞的形状、位置和渗透能力都能得到准确的描述。

4.2　大尺度洞缝处理方法及多重介质方法之关系

为了说明上述大尺度洞缝处理方法的作用，设计如图 4-2(a)所示的模型，对井点处进行压力降落和压力恢复测试。一般网格处由基质、裂缝、溶洞构成的三重介质组成，a、b、c、d、e 网格处，为溶洞构成的单重介质，网格尺寸为 50m×50m×5m。图 4-2(b)是井点所在网格为了径向流的真实再现而做的局部加密。对比图 4-3(a)和图 4-3(b)可看出局部径向网格加密的效果。由图 4-3(b)可知，当溶洞距离井较远时，如溶洞位于图 4-2 中的 b、c、d(与井相距分别为 75m、125m、175m)时，均与整个油藏均为三重介质时(图中标出的“无大洞”)的对照曲线基本重合，而图中的 a、e(溶洞与井相距 25m)却与对照曲线偏离较多，说明近井区的溶洞应单独当作一重介质来处理，远井区的较大型溶洞仍可用连续多重介质概念考虑。

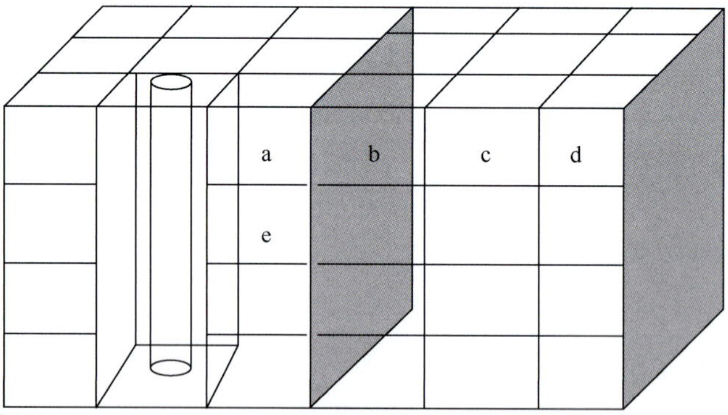

(a)大尺度洞缝处理

(b)局部加密

图 4-2　与井筒距离不同大尺度溶洞模型

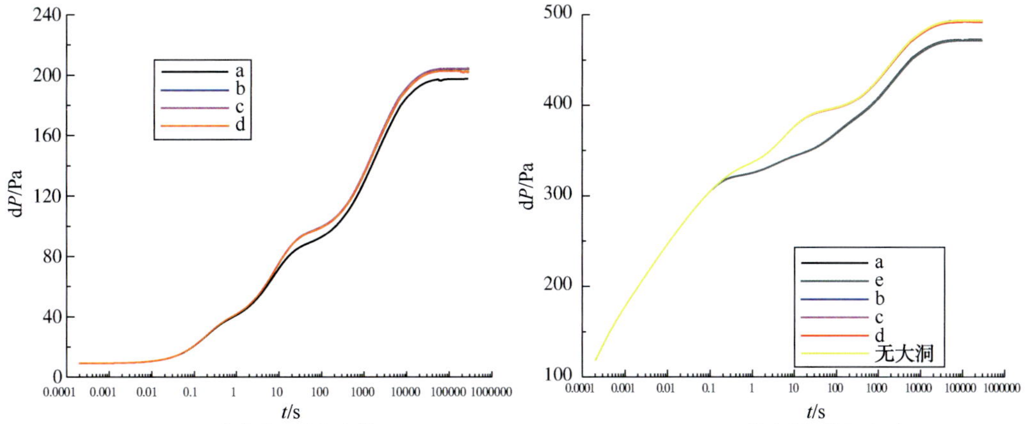

(a)井点处网格加密前　　(b)井点处网格加密后

图 4-3　距离井筒距离不同大尺度溶洞模型恢复压差半对数图

4.3　溶洞通过裂缝与井连通模型

如图 4-4(a)为溶洞通过裂缝与井连通模型，图 4-4(b)是井点所在网格的局部加密，整个裂缝也被径向网格分割成若干部分。图 4-5 为根据模型计算得到的试井曲线，曲线首先表现出单重裂缝介质的特征(图中的第一直线段)，随后开始上翘，表现出溶洞的影响。

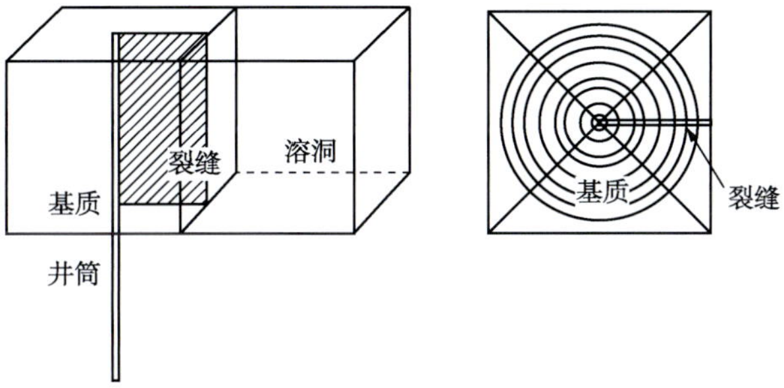

(a)溶洞与井连通　　(b)局部加密

图 4-4　溶洞通过裂缝与井连通模型

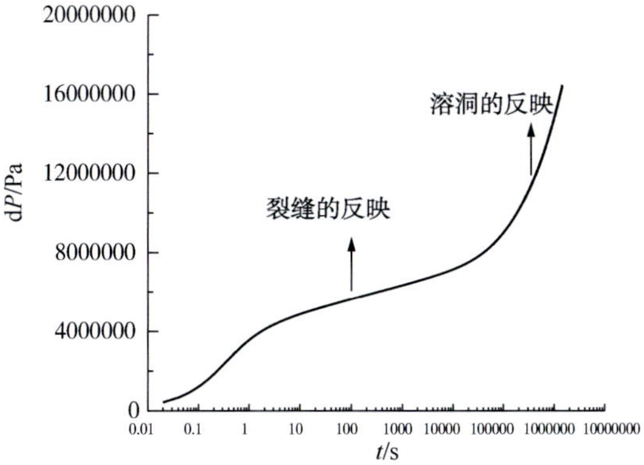

图 4-5　溶洞通过裂缝与井连通模型试井曲线特征

4.3.1 裂缝宽度影响

图 4-6 展示了裂缝宽度对试井曲线形态影响，左右图分别为同样产量条件下不同裂缝宽度压降、压力恢复曲线和恢复压差曲线。可见，随着裂缝宽度的增加，左图中压降曲线向上平移，而压力恢复曲线向下平移，在恢复压差曲线上表现为向下平移。

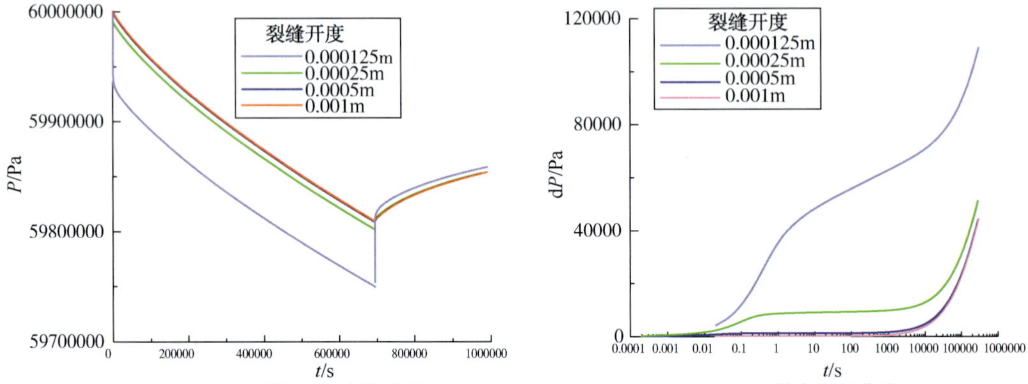

(a)压降、压力恢复曲线　　(b)恢复压差曲线

图 4-6　裂缝宽度对试井曲线形态影响

4.3.2 裂缝接触面积影响

图 4-7 是为了研究裂缝接触面积影响所设计的模型，斜划线表示裂缝，与图 4-8 对应，标有字母处的元素为溶洞，其他元素处为基质。图 4-8 中的第一条曲线为参照线，表示通过裂缝与井相连的溶洞元素为 CAC24，其他三条曲线分别表示相邻的两个元素均为溶洞。由图 4-8 可知，当溶洞体积增大而连接它与井筒的裂缝不变时，由于溶洞到井筒之间的流通能力没有得到改善，所以此时的试井曲线没有明显变化；只有当连通井筒与溶洞间的裂缝增多时，溶洞到井筒之间的流通能力才会得到改善。所以说，缝洞型油藏之间溶洞中的流体采出的难易程度关键在于溶洞是否与井筒连通和连通的程度。

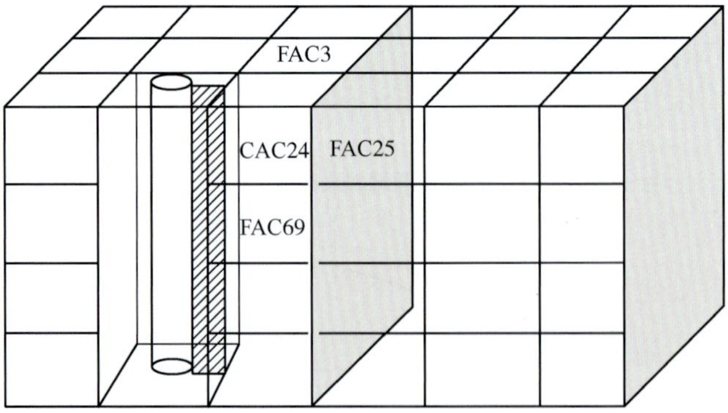

图 4-7　裂缝接触面积影响模型用图

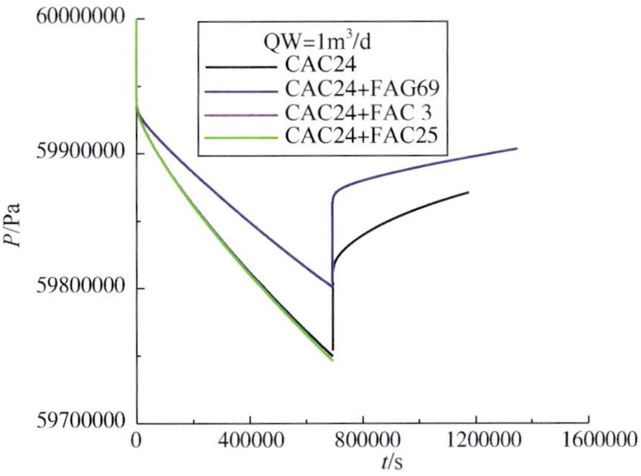

图 4-8　裂缝接触面积对试井曲线形态影响

4.3.3　裂缝长度的影响

裂缝长度影响模型如图 4-9 所示。

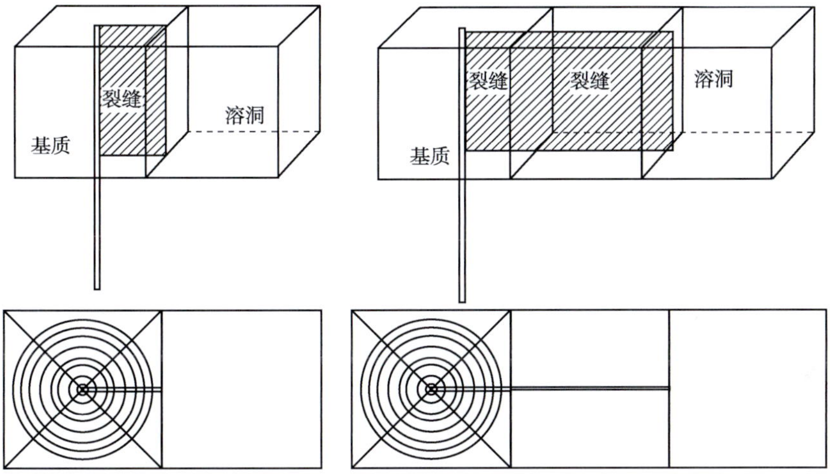

图 4-9　裂缝长度影响模型

图 4-10 展示裂缝长度对试井曲线形态的影响，图 4-10(a)、图 4-10(b)分别为压降、压力恢复全程试井曲线和恢复压差试井曲线，图中的 25m 和 75m 分别对应图 4-9的左右模型图。裂缝长度的增加相当于降低了地层的渗透率，它会使压降期压力降落更多，恢复期恢复的压力也越多。

4.3.4　溶洞大小的影响—位置相同但大小不同的溶洞

图 4-11 是为了研究溶洞大小的影响设计的模型，溶洞随(a)(b)(c)由大到小。由图 4-12 可知，溶洞越小，生产期压力降落越大，相同时间恢复达到的地层压力越小；从恢复压差曲线上看，不同大小溶洞的恢复压差曲线早期和中期重合，只是

在后期上翘的程度不同，溶洞越小，上翘的程度越大。说明通过反问题的求解，可得到通过裂缝与井相连的溶洞的大小、体积方面的信息。

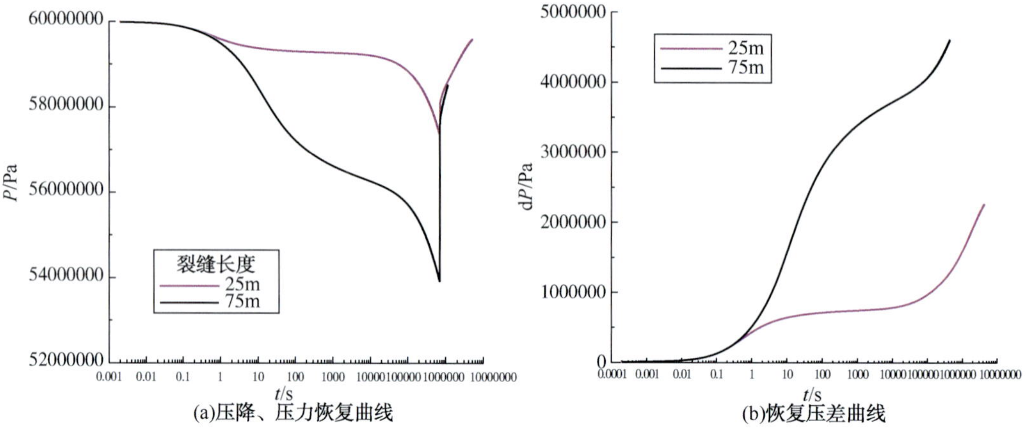

(a)压降、压力恢复曲线　　(b)恢复压差曲线

图 4-10　裂缝长度对试井曲线影响

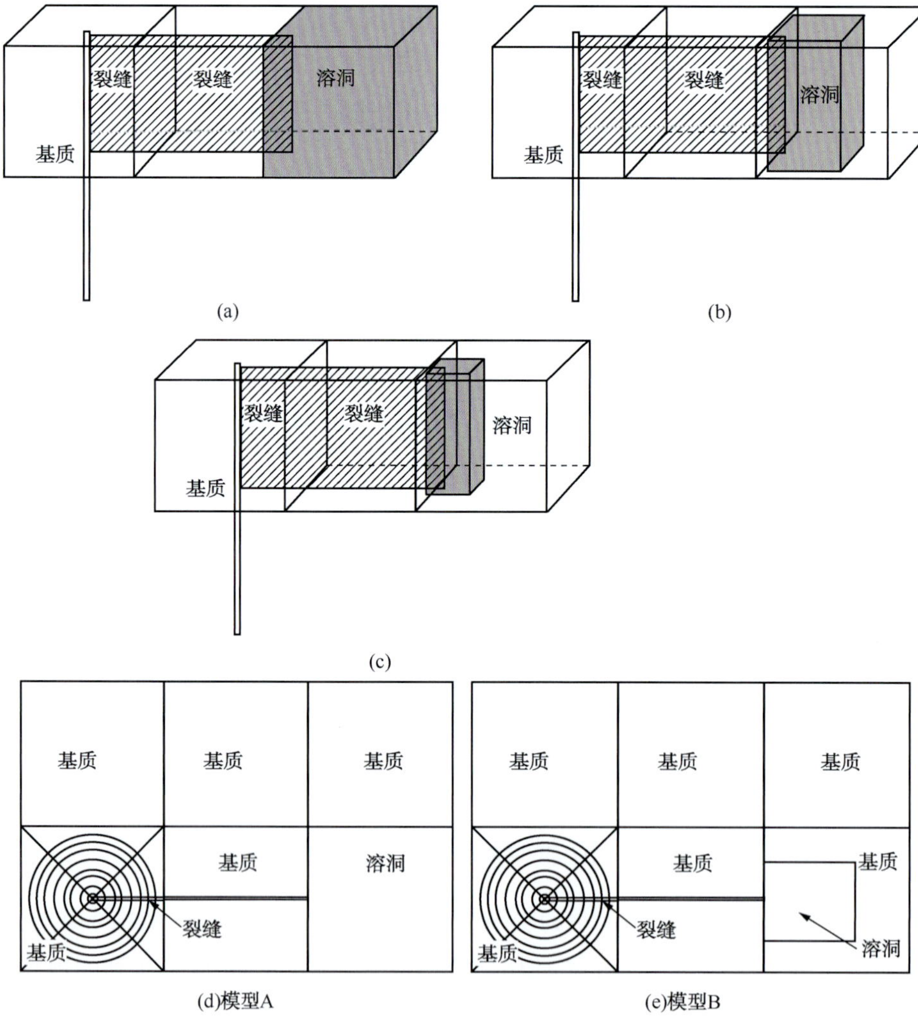

(a)　(b)　(c)　(d)模型A　(e)模型B

图 4-11　溶洞大小影响模型用图

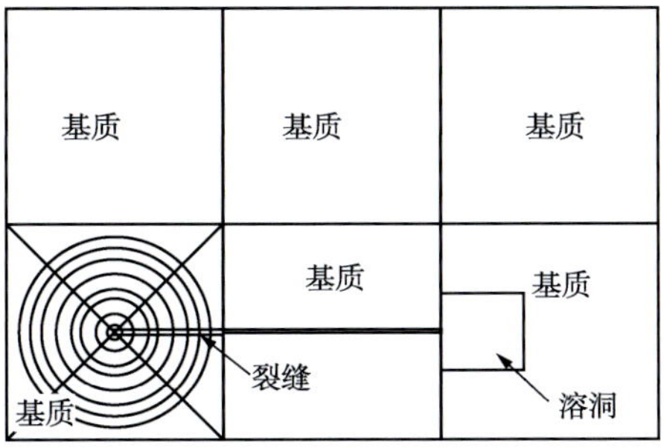

(f)模型C

图 4-11　溶洞大小影响模型用图(续)

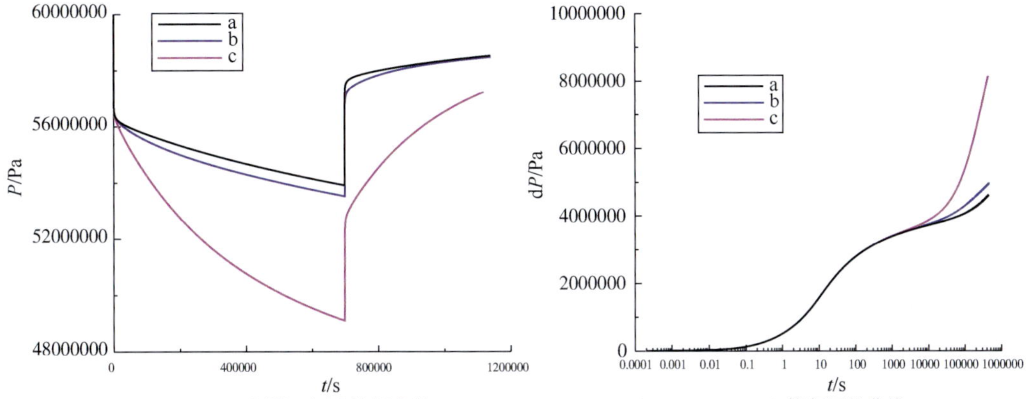

(a)压降、压力恢复曲线　　(b)恢复压差曲线

图 4-12　溶洞大小对试井曲线形态影响

4.4　两个溶洞通过裂缝与井串联模型

图 4-13 给出了两个溶洞通过裂缝与井串联模型图，将其与图 4-4 对比研究它与一个溶洞通过裂缝与井连通模型在试井响应曲线上的差别。由图 4-14 可见，通过多一个裂缝的串联，更加疏通了井周围的流动通道，生产期压力降落得更少，恢复期压力恢复得更快。在恢复压差曲线上，也只是在后期才与单个溶洞模型现出差别，上翘的程度更大。

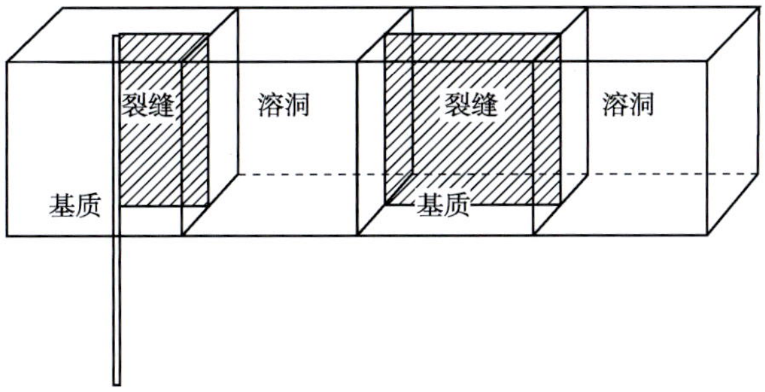

图 4-13　两个溶洞通过裂缝与井串联模型用图

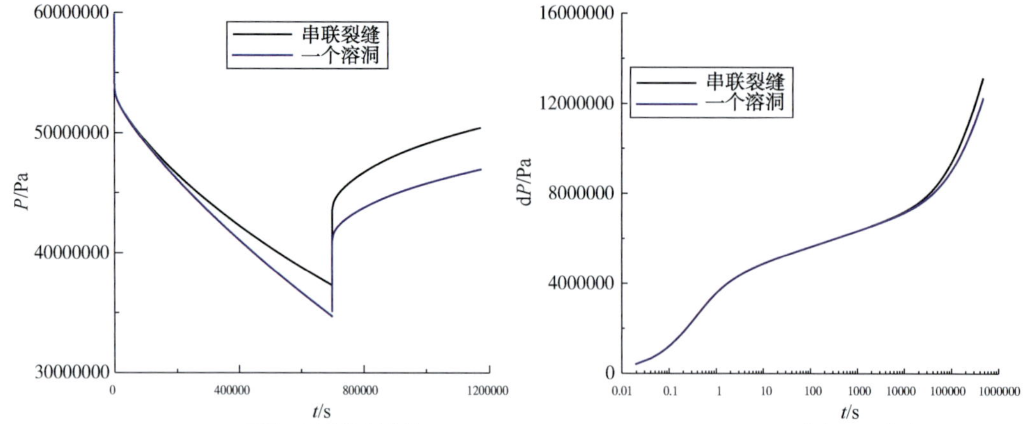

(a)压降、压力恢复曲线　　(b)恢复压差曲线

图 4-14　两个溶洞通过裂缝与井串联模型与单个溶洞模型试井响应

4.5　小结

（1）本文提出了含有大尺度溶洞和裂缝的缝洞型油藏数值试井模型及求解方法。利用非结构网格，模型可准确表征溶洞和裂缝本身的形状及大小，是对一般多重介质数值模拟方法的一个有益推广，解决了多重介质缝洞型油藏中介质“重数”非均质的问题。

（2）通过一系列井周围裂缝与溶洞沟通模型的计算，得知裂缝的长度、宽度、溶洞的大小、溶洞与井周围裂缝的沟通程度都是影响这类油藏试井曲线形态的因素，也是影响其生产动态和开采效果的主要因素。通过与这些资料的结合，求解试井反问题，可获得近井区裂缝、溶洞的分布情况。

5 缝洞型油藏油水两相流三重介质数值试井解释方法

油水两相渗流广泛存在于地下渗流中，例如在底水油气藏中，开发的中后期出现了油水两相流动，油水同层的油层在开发初期就存在油水两相渗流。对于缝洞型油藏，由于裂缝发育，沟通边底水，有些井开发不久就见水，有些井开井即见水，这使得油水两相渗流更为普遍。由于油水两相流的流动规律与单相流有所不同，如果再采用单相流动试井分析方法分析两相流试井，必然会带来地层参数估算的误差。

目前用于油水两相流试井解释的多是压力法，在此基础上，雷霆又考虑了井筒储集系数，利用数值模拟方法求得了井底压力响应的数值解，但这两者的前提是压力、饱和度梯度可以忽略。刘立明、陈钦雷等对数值试井模型中压力、饱和度梯度采用非结构网格技术、油水两相流动控制方程的离散形式，耦合了井筒存储和表皮系数公式，得到了压力降落数值试井问题的产量模型；随后又用一种无量纲化方法，使两相流的曲线和单相流曲线重合，利用现有的单相流图版对两相流曲线进行拟合。秦峰用常规的数值模拟软件来研究多相流试井的正问题。上述所有数值试井方法仅限于单重介质模型。

2003~2007 年，国内外在缝洞型油藏试井方面做了很多研究，但这些研究主要针对单相流，并采用解析的解法。2006 年，吴玉树建立了缝洞型油藏三重介质油气水三相流数值模拟模型。本项目在此基础上建立了三重介质单相流数值试井模型，通过对三重介质中的单相渗流规律进行数值模拟，得到开井期和关井期的井底压力变化。对于两相流情况，油、水产量并不是一个固定值，而是由油水黏度、相对渗透率、毛管力曲线的大小或形状所决定的变化量。这样，要完全还原地层情况而做的拟合，就不仅仅要考虑开、关井期的井底压力，还要考虑油水产量曲线。

5.1 缝洞型油藏油水两相流三重介质数值试井模型

5.1.1 两相流控制方程

对于裂缝介质控制的全局性流动，由质量守恒方程、运动方程和饱和度方程组成。

对β相：

$$\frac{\partial}{\partial t}(\phi_{\mathrm{F}} S_\beta \rho_\beta) = -\nabla \cdot (\rho_\beta \vec{V}_\beta) + q_\beta + q_{\beta\mathrm{FV}} + q_{\beta\mathrm{FM}} \tag{5-1}$$

这里，β相(β=w 为水，β=o 为油)的达西速度如下定义：

$$\vec{V}_\beta = -\frac{K_{\mathrm{F}} k_{r\beta}}{\mu_\beta}(\nabla P_\beta - \rho_\beta g\,\nabla D) \tag{5-2}$$

对于岩块介质中的流动：

$$\frac{\partial}{\partial t}(\phi_{\mathrm{M}} S_\beta \rho_\beta) = -q_{\beta\mathrm{FM}} + q_{\beta\mathrm{MV}} \tag{5-3}$$

对于溶洞介质中的流动：

$$\frac{\partial}{\partial t}(\phi_{\mathrm{V}} S_\beta \rho_\beta) = -q_{\beta\mathrm{MV}} - q_{\beta\mathrm{FV}} \tag{5-4}$$

$$S_{\mathrm{w}} + S_{\mathrm{o}} = 1 \tag{5-5}$$

式中，ρ_β为β相在油藏条件下的密度；$\bar{\rho}_{\mathrm{o}}$为在油藏条件下脱去溶解气的油相密度；ϕ_{F}为油层的有效孔隙度，即裂缝孔隙度；μ_β为β相的黏度；S_β为各介质中β相的饱和度；P_β为β相的压力；g 为重力加速度；K_{F}为裂缝的绝对渗透率；$k_{r\beta}$为β相的相对渗透率；D为深度；q_β为每单位体积地层中β组分的生产/注入井的质量交换项，$q_{\beta\mathrm{FV}}$、$q_{\beta\mathrm{FM}}$、$q_{\beta\mathrm{MV}}$分别为裂缝与溶洞及裂缝与基质间的质量交换项。ϕ_{M}、ϕ_{V}分别为岩块和溶洞介质的孔隙度。

其中，基质中相对渗透率按照岩心实验测定的相对渗透率给定，溶洞和裂缝中的相对渗透率按照十字交叉线的方式给定。

5.1.2 缝、洞、孔三重介质之间的流动

裂缝—岩块、裂缝—孔洞、孔洞—岩块间的流动项分别为：

$$q_{\beta,\mathrm{FM}} = \lambda_\beta \gamma_{\mathrm{FM}} [\psi_{\beta\mathrm{M}} - \psi_{\beta\mathrm{F}}] \tag{5-6}$$

$$q_{\beta,\mathrm{FV}} = \lambda_\beta \gamma_{\mathrm{FV}} [\psi_{\beta\mathrm{V}} - \psi_{\beta\mathrm{F}}] \tag{5-7}$$

$$q_{\beta,\mathrm{VM}} = \lambda_\beta \gamma_{\mathrm{VM}} [\psi_{\beta\mathrm{M}} - \psi_{\beta\mathrm{V}}] \tag{5-8}$$

式中，$\gamma_{\mathrm{FM}} = \frac{A_{\mathrm{FM}} k_{\mathrm{M}}}{l_{\mathrm{FM}}}$，$l_{\mathrm{FM}}$为穿过岩块—裂缝分界面的特征长度，$A_{\mathrm{FM}}$为裂缝和岩块元素间的总的分界面积，$k_{\mathrm{M}}$为岩块绝对渗透率；$\gamma_{\mathrm{FV}} = \frac{A_{\mathrm{FV}} k_{\mathrm{V}}}{l_{\mathrm{FV}}}$，$l_{\mathrm{FV}}$为穿过孔洞—裂缝分界面的特征长度，$A_{\mathrm{FV}}$为裂缝和孔洞元素间的总的分界面积，$k_{\mathrm{V}}$为孔洞绝对渗透率(实际上是控制孔洞—裂缝间流动的小裂缝的渗透率)；$\gamma_{\mathrm{VM}} = \frac{A_{\mathrm{VM}} k_{\mathrm{M}}}{l_{\mathrm{VM}}}$，$l_{\mathrm{VM}}$为穿过孔洞—岩块分界面的特征长度，$A_{\mathrm{VM}}$为孔洞和岩块元素间的总的分界面积，$k_{\mathrm{M}}$为岩块绝对渗透率。

方程中的特征长度依赖于 Warren Root 的裂缝—岩块和(通过小裂缝的)缝—洞

连接间拟稳态流动假设得到。对于孤立的溶洞，无须计算裂缝—溶洞间的流动项。

5.1.3 数值试井条件下的内边界条件

数值试井条件下的内边界条件一般指定生产期产液量或产油量，具体见数值试井模型的求解部分。

5.1.4 考虑表皮和井储的内边界条件

在 MSFLOW 中，处理井筒的方式是虚拟节点的方法，两相流控制方程对井节点仍然成立，因此可以通过改变井筒的虚拟体积 V_w，间接地改变井储系数的大小。

$$P_{wf}=\left[P_F-Sr_w\frac{\partial P_F}{\partial r}\right]_{r=r_w} \tag{5-9}$$

$$C=V_w c_L \tag{5-10}$$

5.1.5 外边界条件和初始条件

外边界条件，无限大地层：

$$P_F(r=\infty,\ t)=P_i \tag{5-11}$$

有界定压地层：

$$P_F(r=r_e,\ t)=P_i \tag{5-12}$$

有界封闭地层：

$$\frac{\partial P(r=r_e,\ t)}{\partial r}=0 \tag{5-13}$$

初始条件，假设油藏初始时刻三重介质压力均为原始地层压力：

$$P_F(r,\ 0)=P_V(r,\ 0)=P_M(r,\ 0)=P_i \tag{5-14}$$

对于地层存在原生水的情况，初始含油饱和度参考测井解释的饱和度值设定；对于地层水主要来自边底水的情况，初始含油饱和度根据相渗的端点值给定。

5.2 数值试井模型的求解

三重介质网格的产生是模拟缝洞地层流动的关键一步。我们首先利用地层的空间构造和层数据建立起初始孔隙网格，然后依据每个地层子区域中对应裂缝或孔洞的几何信息，裂缝合起来算作裂缝介质，而含有或不含小裂缝的孔洞堆在一起算作孔洞介质，剩下的被作为岩块介质，这样建立起三重介质网格。方程在空间上采用非结构网格(见图 5-1)，使用基于积分的有限差分方法进行离散。时间离散采用向后的一阶有限差分格式。

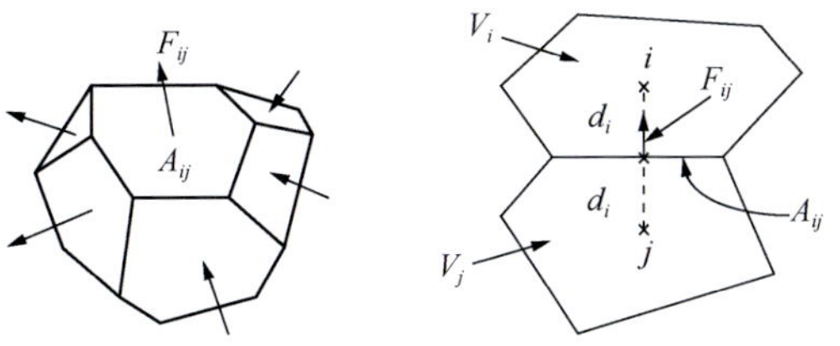

图 5-1 非结构网格空间离散示意图

对任意单元 i 的油、水相的离散方程写为：

$$\begin{cases}(M_\beta)_i^{n+1}-(M_\beta)_i^n\}\dfrac{V_i}{\Delta t}=\sum\limits_{j\in\eta_i}F_{\beta,ij}^{n+1}+q_{\beta\mathrm{FV}i+}q_{\beta\mathrm{FM}i}+q_{\beta i}^{n+1}\\ \{(M_\beta)_i^{n+1}-(M_\beta)_i^n\}\dfrac{V_i}{\Delta t}=-q_{\beta\mathrm{FM}i}+q_{\beta\mathrm{MV}i}\\ \{(M_\beta)_i^{n+1}-(M_\beta)_i^n\}\dfrac{V_i}{\Delta t}=-q_{\beta\mathrm{MV}i}-q_{\beta\mathrm{FV}i}\end{cases}\tag{5-15}$$

式中，M 为 β 相的质量累积相；下标 n 表示前一个时间步，$n+1$ 表示当前时间步；V_i 为元素 i 的体积（孔隙或裂缝块）；Δt 为时间步长；η_i 包含与 i 元素直接相连的所有相邻元素；$q_{\beta i}$ 为 β 相的元素 i 的质量源汇项；$F_{\beta,ij}$ 为 β 相的元素 i 和 j 的质量流项，由下式给出：

$$F_{\beta,ij}=\lambda_{\beta,ij+1/2}\gamma_{ij}[\psi_{\beta j}-\psi_{\beta i}]\tag{5-16}$$

下脚标 $ij+1/2$ 代表单元 i 和 j 分界面的一个恰当平均值，与 β 相流度有关，β 相流度定义为：

$$\lambda_{\beta,ij+1/2}=\left(\frac{\rho_\beta k_{\mathrm{r}\beta}}{\mu_\beta}\right)_{ij+1/2}\tag{5-17}$$

流动边界的传导系数定义为：

$$\gamma_{ij}=\frac{A_{ij}K_{ij+1/2}}{d_i+d_j}\tag{5-18}$$

且：

$$\psi_{\beta i}^{n+1}=P_{\beta i}^{n+1}-\rho_{\beta,ij+1/2}^{n+1}gD_i\tag{5-19}$$

式中，A_{ij} 为连通单元 i 和 j 的共同界面面积；d_i 是从单元 i 的中心到单元 i 和 j 交界面的距离；d_j 为从单元 j 的中心到单元 i 和 j 交界面的距离；$K_{ij+1/2}$ 为沿着单元 i 和 j 连通处的平均绝对渗透率；D_i 为单元 i 中心的深度。

对于井节点：

$$F_{\beta,ij}=\lambda_{\beta,ij+1/2}PI_{ij}[\psi_{\beta j}-\psi_{\beta i}]\tag{5-20}$$

$$PI_{ij}=\frac{2\pi k\Delta z_j}{\ln\left(\dfrac{r_\mathrm{e}}{r_\mathrm{w}}\right)-1/2}\tag{5-21}$$

式中，r_e 为网格块 j 的等效井径；Δz_j 为网格块的厚度。井节点 i 的体积 $V_i=\dfrac{C}{c_\mathrm{L}}$。

若生产期设定定产液量，则先将井底压力表示为：

$$P_\mathrm{w}=\{-Q_\mathrm{L}+\sum_{j\in\eta_i}\sum_\beta(\rho_\beta\lambda_\beta/\rho_\beta^\mathrm{o})_{ij+1/2}PI_{ij}[P_{\beta,j}-\rho_\beta g(D_j-D_\mathrm{w})]\}\div\{\sum_{j\in\eta_i}\sum_\beta(\rho_\beta\lambda_\beta/\rho_\beta^\mathrm{o})_{ij+1/2}PI_{ij}\}\tag{5-22}$$

式中，ρ_β^o 为 β 相在油藏条件下的密度。

若生产期设定定产油或产水量，则先将井底压力表示为：

$$P_w = \{-\rho_{\beta,\ STC}Q_\beta + \sum_{j\in\eta_i}(\rho_\beta\lambda_\beta)_{ij+1/2}PI_{ij}[P_{\beta,\ j} - \rho_\beta g(D_j - D_w)]\} \div \{\sum_{j\in\eta_i}(\rho_\beta\lambda_\beta)_{ij+1/2}PI_{ij}\} \tag{5-23}$$

再将式(5-15)中的 $Q_{\beta,i}$用下式表示：

$$Q_{\beta,\ i} = \sum_{j\in\eta_i}(\rho_\beta\lambda_\beta)_{ij+1/2}PI_{ij}[P_{\beta,\ j} - P_w - \rho_\beta g(D_j - D_w)] \tag{5-24}$$

对式(5-15)~式(5-24)求解得到各个节点处的各相的压力及饱和度，再将式(5-9)数值离散，则井底压力最终由下式求得：

$$P_w = \left[P_0 - Sr_w\frac{\partial P_1 - \partial P_0}{r_1 - r_w}\right] \tag{5-25}$$

式中，P_0 为不考虑表皮系数的影响时井节点处的压力；P_1 为从井筒向外径向上第一个网格处的压力；下标 F 为压力均为裂缝元素的压力。式(5-25)只适合 S 为正值的情况，S 为负值时，可采用等效井径的办法 $r_{w_i} = r_w e^{-s}$，再对等效井外的区域重新划分网格求解。

油水产量则最终由下式得到：

$$Q_\beta = \sum_{j\in\eta_i}(\rho_\beta\lambda_\beta)_{ij+1/2}PI_{ij}[P_{\beta,\ j} - P_w - \rho_\beta g(D_j - D_w)] \tag{5-26}$$

数值试井模型的外边界默认为封闭边界，对于定压边界，通过把邻近边界的节点体积设置很大(如 V_i>1050m^3)来处理，这样可以保证该节点处热动力条件不变。

5.3 缝洞型油藏三重介质两相流数值试井响应特征

图 5-2、图 5-3、图 5-4 为油水两相流定产液量生产不同初始含油饱和度条件下的压力降落曲线、压力恢复曲线和产量变化曲线与单相条件(定产水量)下压降、压力恢复曲线的对比情况。可以看出两相条件下的压降、压力恢复曲线与单相时的不重合，并随着初始油水饱和度的变化而变化。在两相流压力恢复曲线仍然反映出三重介质的典型特征，并且在后期出现类似封闭边界的上翘现象。这是由于油相流度通常要比水相流度低一个数量级，随着油井生产时间的增加，井筒附近的油相饱和度必然要低于水相饱和度。一般借用单相流模型解释两相流试井曲线时，容易误把这种流度变化引起的上翘当作封闭边界或岩性变差。以上分析说明了两相流时井周围的饱和度差异不可忽略，不能直接用单相试井模型来解释两相流试井曲线，也说明了研究两相流试井分析方法的必要性。图 5-4 则反映了生产期不同初始含油饱和度条件对应的油、水产量。此例中，因为油的黏度较大(80mPa·s)，所以水产量较高，且由于采用封闭边界，水产量先缓慢上升，再缓慢下降，而油产量则相反

(定产液量条件)。

另外，随着生产时间的增加，井筒附近的水饱和度增加，而远处的水饱和度逐渐减小，这相当于在远井处造成了一个渗流阻力低值区，因此压降曲线在后期出现下掉现象(见图 5-2，S_{oi}=0.6 及 S_{oi}=0.5)。在单相流模型中，这种下掉一般被当作封闭边界或岩性变差。我们通过改变封闭边界的距离，通过比较下掉出现的时刻，进一步判别这是封闭边界的影响还是由于流度变化的影响。图 5-5 显示出当边界从 1000m 改为 2000m 时，两条曲线重合在一起，表明此时的下掉是由流度的变化引起的。说明了两相流压降曲线末端下掉可能是由流度的不均匀导致的，未必反映封闭边界或岩性变差。

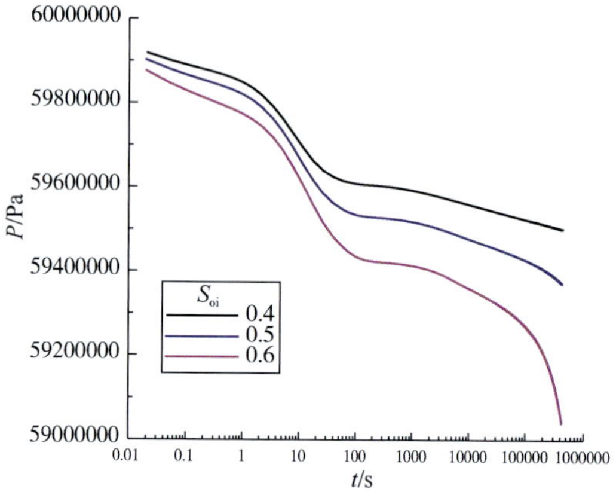

图 5-2　不同初始饱和度压降曲线

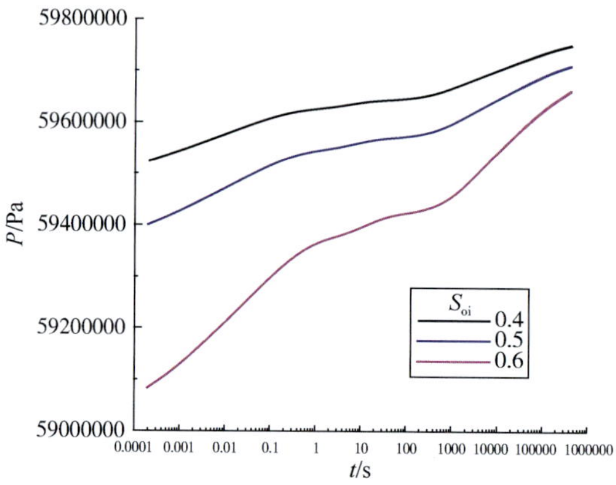

图 5-3　不同初始饱和度压力恢复曲线

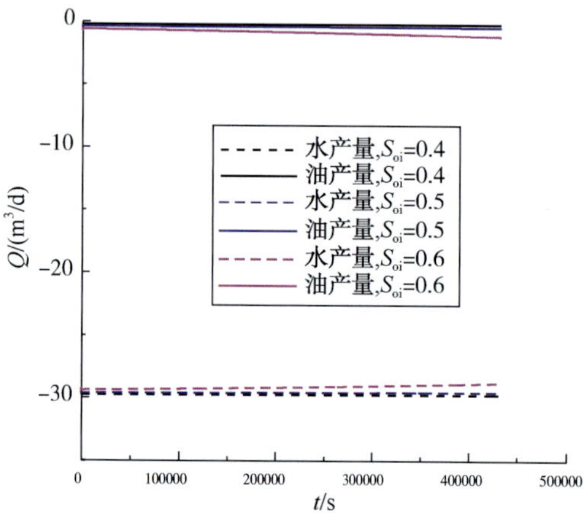

图 5-4　不同初始饱和度生产期油水产量曲线

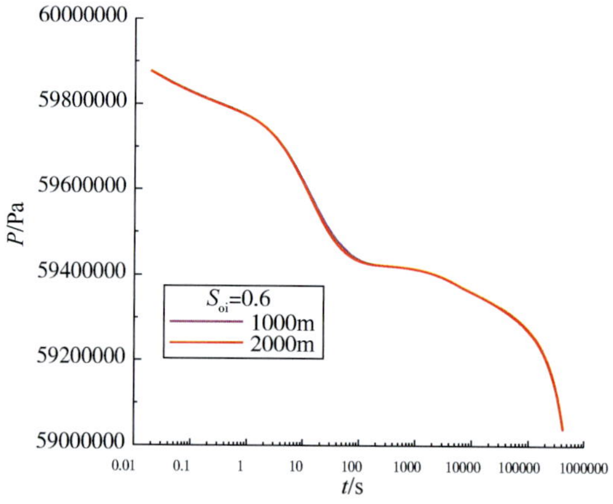

图 5-5　不同封闭边界生产期压降曲线

上面的例子都是指地层中含有原生水的情况，图 5-6 给定一定的定压边水，随着生产的进行，油井含水，情况如图所示，这时关井测压力恢复，分别用单相流模型和两相流模型计算理论压恢曲线，其他参数(如渗透率)都相同，在半对数和双对数的导数上都显示：两相流模型表现出的渗透率比实际偏大，这同样是由油水的流度差异所导致：如果边水已经进入油井，地层流体的流度变大，相应的有效渗透率就变大，这时若仍沿用单相流模型来解释，会使得到的渗透率比实际偏大。这同原生水的影响是类似的。

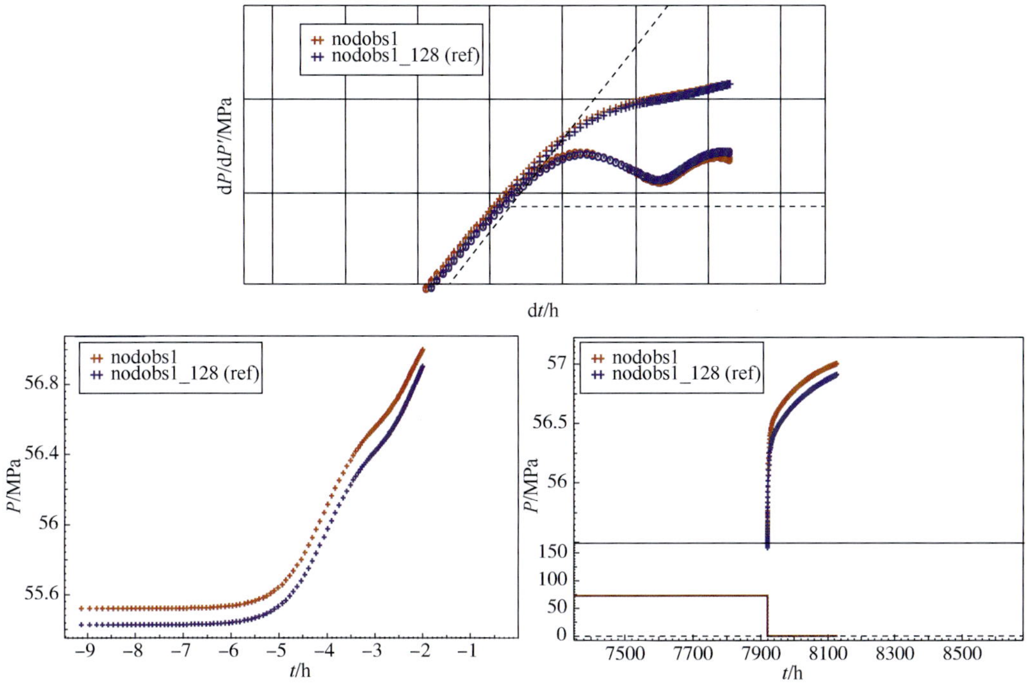

图 5-6　单相—两相模型压恢双对数及导数、半对数、压力史曲线比较

5.4　缝洞型油藏三重介质两相流试井曲线的影响因素

图 5-7 给出两组相渗曲线，图 5-8 为对应条件下压力恢复曲线和产量变化曲线，说明相渗形状影响油水产量变化的幅度，同时也影响压力恢复曲线的位置。图 5-9为不同基质毛管力条件下压力恢复曲线和产量变化曲线，相渗曲线采用图 5-7中的相渗 1（亲水岩石）。从产量曲线来看，亲水岩石基质的毛管力增大有利于油产量的增加和水产量的减少，也说明基质中的毛管力是水驱油的动力，同时随着毛管力的增加，压力恢复曲线位置向下平移。图 5-10为不同黏度条件下压力恢复曲线和产量变化曲线，随着油黏度变小，油产量越高，水产量越小，利于油的产出，压力恢复曲线上位置越靠下。总之，油水黏度、相对渗透率、毛管力曲线的大小和形状不仅决定油水

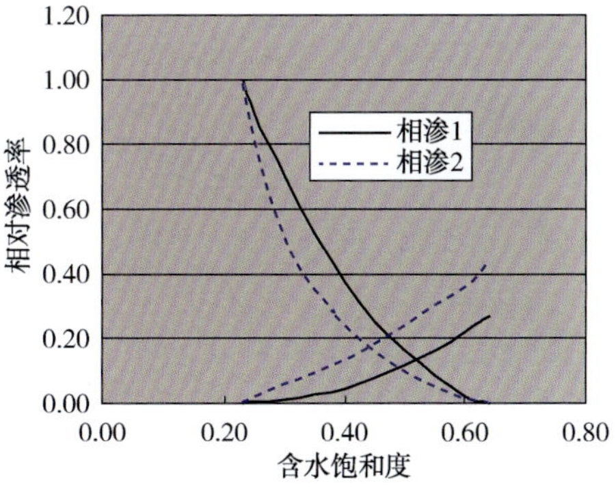

图 5-7　两组相渗曲线

产量的变化，也影响着压力恢复曲线的位置和形状。说明在通过调整油水黏度、相对渗透率、毛管力曲线拟合油水产量曲线时，压力恢复曲线同时也会发生相应改变。

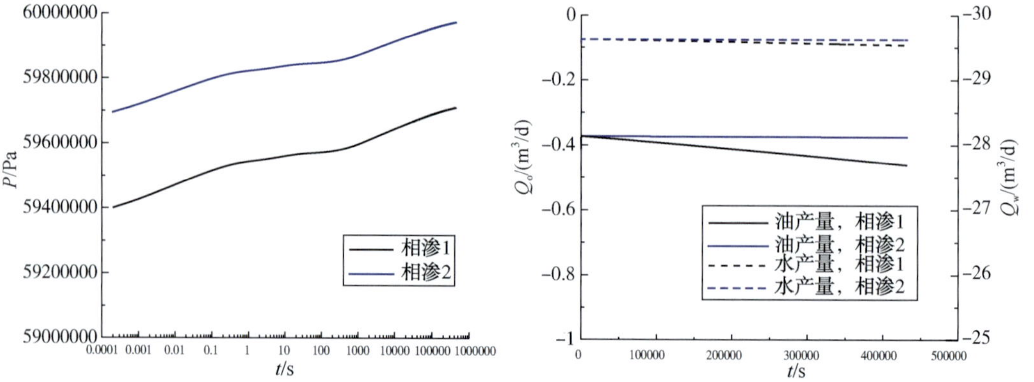

(a)压力恢复曲线　(b)产量曲线

图 5-8　不同相渗条件下压力恢复曲线和产量曲线

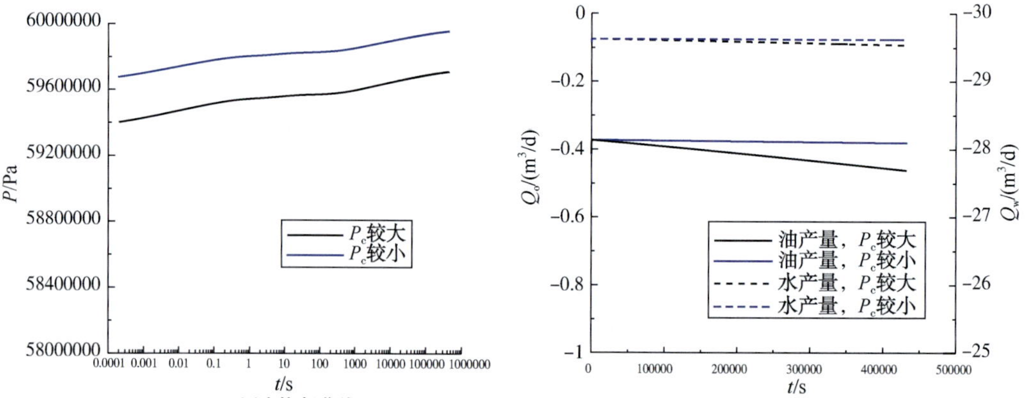

(a)压力恢复曲线　(b)产量曲线

图 5-9　不同基质毛管力条件下压力恢复曲线和产量曲线

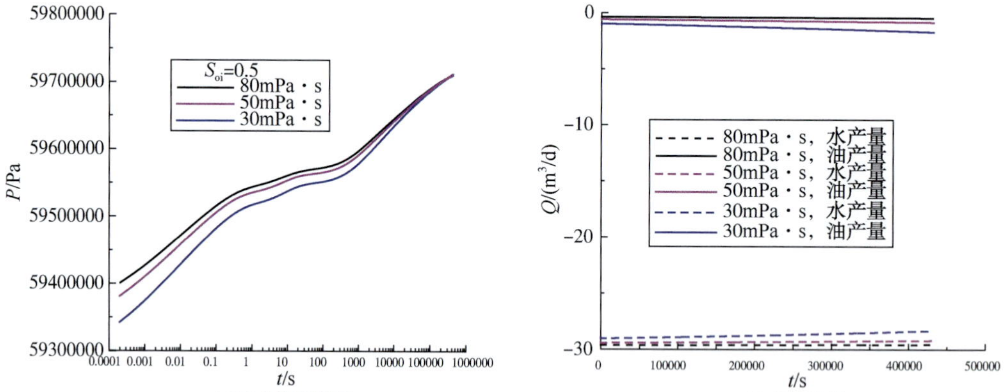

(a)压力恢复曲线　(b)产量曲线

图 5-10　不同黏度条件下压力恢复曲线和产量曲线

图 5-11 为不同裂缝渗透率下压力恢复曲线及产量曲线对比，压力恢复曲线表现出与单相条件下相同的规律：随着裂缝渗透率的增加，压力恢复曲线的位置靠上，上升幅度变小，但不同的裂缝渗透率对应的油水产量基本重合，说明裂缝渗透率这些试井参数不影响油水产量的关系。

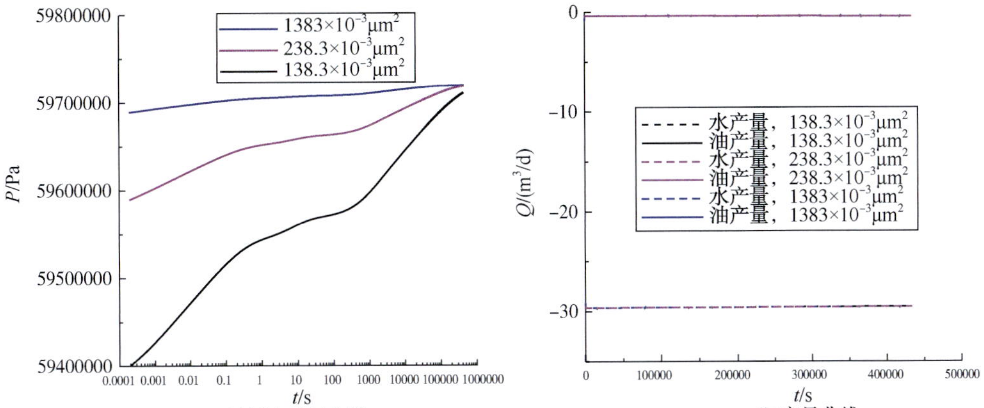

(a)压力恢复曲线　　(b)产量曲线

图 5-11　不同裂缝渗透率下压力恢复曲线和产量曲线

5.5　缝洞型油藏三重介质两相流试井解释方法

通过以上分析，我们确定出三重介质油水两相流试井曲线拟合求参的基本步骤：第一步，先调整地层渗透率、相渗曲线、油水黏度值、毛管力曲线等，拟合油水产量曲线，这个过程会同时改变压力恢复曲线；第二步，调整与单相流试井确定的试井参数系列，使压力恢复曲线得到拟合，压力降落曲线也自然得到拟合，这个过程不会改变产量曲线。第二步的压力曲线自动拟合可以采用相关文献提出的高斯牛顿法。经过这两个步骤之后，油水产量曲线、压力降落曲线、压力恢复曲线都得到了拟合，此时的地层参数就是真实的地层参数，整个过程相当于一个单井范围的历史拟合求参过程。

5.6　小结

（1）本文首次提出了三重介质油水两相流动数值试井解释模型和解释方法。

（2）三重介质油水两相条件下的压力恢复曲线仍表现出三重介质的典型特征，但与单相时的不重合，并随着初始油水饱和度的变化而变化；两相流压降曲线末端下掉可能是由流度的不均匀导致的，未必反映封闭边界或岩性变差。

（3）两相流试井曲线不能直接用单相试井模型来解释，应该使产量和压力曲线都得到拟合，实际上相当于一个单井的历史拟合过程。

6 井钻遇溶洞型非连续介质试井数学模型和典型曲线

塔河油田缝洞型油藏中流体绝大多数储集于缝洞系统之中，所产出流体 90% 以上也来自缝洞系统。本研究针对塔河油田碳酸岩储层的缝洞性特点，从地质特点上出发，提出缝洞描述方法；将缝洞简化成非连续介质，建立缝洞型油藏井钻遇溶洞型非连续介质流体渗流物理模型和数学模型；研究渗流模型的求解方法；分析影响缝洞性储层试井典型曲线的因素；从而得出缝洞性储层试井典型曲线分析方法。

6.1 理想缝洞模式的建立

本次研究将建立的井钻遇溶洞型非连续介质典型缝洞模式根据储层特征共分为五大类，下面给出典型缝洞模式的物理模型示意图(以圆形边界为例)，并对不同的储层类型进行说明。对于未钻遇溶洞的典型缝洞模式部分就不再重复给出储层类型和边界类型的说明。

1）井钻遇溶洞型典型缝洞模式

一般的均质储层指的是孔隙均匀分布的渗流介质，对于实际的缝洞型碳酸盐岩储层来说，是不存在均质储层的。在这里，当某几种储集体以特定的组合形式均匀发育的时候，其试井曲线仍然会表现出均质特征。在储层反映阶段控制压力导数形态的参数为储层流动系数(kh/μ)，只要压力由里及外的传播过程中储层的流动特性不发生明显的改变，压力导数将会保持在一条恒定的位置上，因此就会使得双对数曲线上出现了均质特征，如缝洞型碳酸盐岩储层中，若基质致密的网状细微裂缝储层、以及溶蚀孔洞和致密基质搭配均匀的储层均可以视为均质储层。对于缝洞型碳酸盐岩油藏，主要发育溶孔型储层，因此就存在上面所述的溶孔型储层和溶孔型复合储层。

当储层中的溶孔和裂缝不是均匀分布的时候，储层就不能再看成是均质储层，考虑建立裂缝—溶孔型储层或者多孔储层，此类储层中广泛分布着尺寸不同的溶孔和裂缝。

由于缝洞型碳酸盐岩油藏特殊的储层特征，因此在单井周围和远井地带会存在储层特征不相同的介质结构，由于不同的开采措施或者形成原因使得单井周围是均匀的微裂缝分布，而远井地带则广泛分布着小溶孔，就说明内区和外区性质存在着差别，反之亦然，因此需要建立溶孔型复合储层的典型缝洞模式。

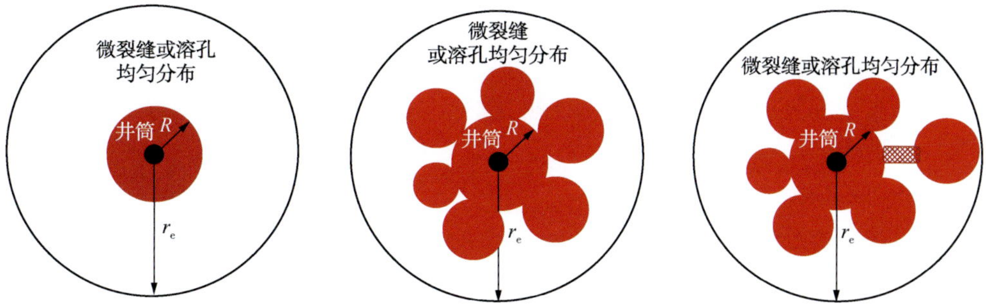

(a)溶洞+溶孔型储层模式　(b)多洞+溶孔型储层模式　(c)多洞+裂缝+溶孔型储层模式

图 6-1　溶孔型储层类

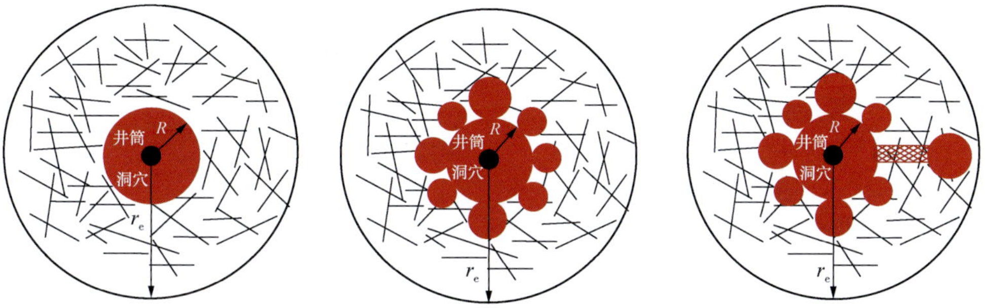

(a)溶洞+裂缝—溶孔型储层模式　(b)多洞+裂缝—溶孔型储层模式　(c)多洞+裂缝+裂缝—溶孔型储层模式

图 6-2　裂缝—溶孔型介质储层类

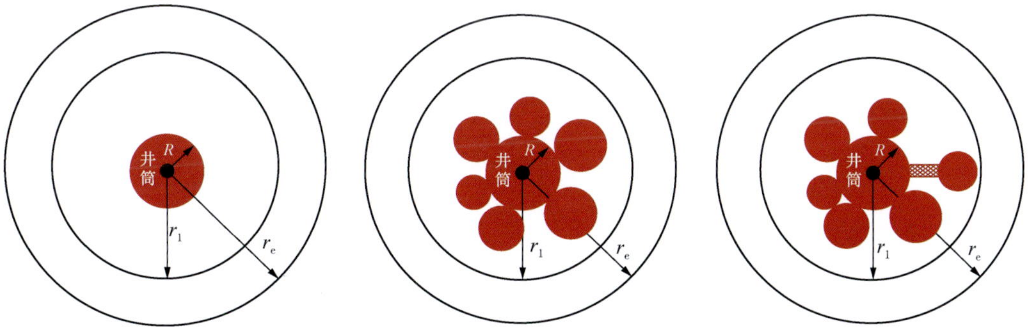

(a)溶洞+溶孔型复合储层模式　(b)多洞+溶孔型复合储层模式　(c)多洞+裂缝+溶孔型复合储层模式

图 6-3　溶孔型复合储层类

裂缝—溶孔型复合储层指的就是由于两种介质的性质不同组成的储层，对于此类储层，内区和外区的储层性质可以不同，每一个区域都是由两种不用的介质组成，流度比和储容比均不相同，不可以再看成是溶孔型复合储层，因此基于裂缝—溶孔型复合储层建立不同的典型缝洞模式。

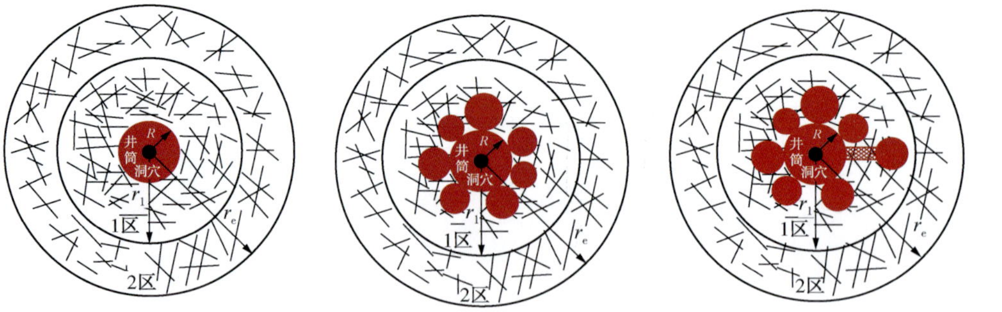

(a)溶洞+裂缝—溶孔型复合储层　(b)多洞+裂缝—溶孔型复合储层　(c)多洞+裂缝+裂缝—溶孔型复合储层

图 6-4　裂缝—溶孔型复合储层类

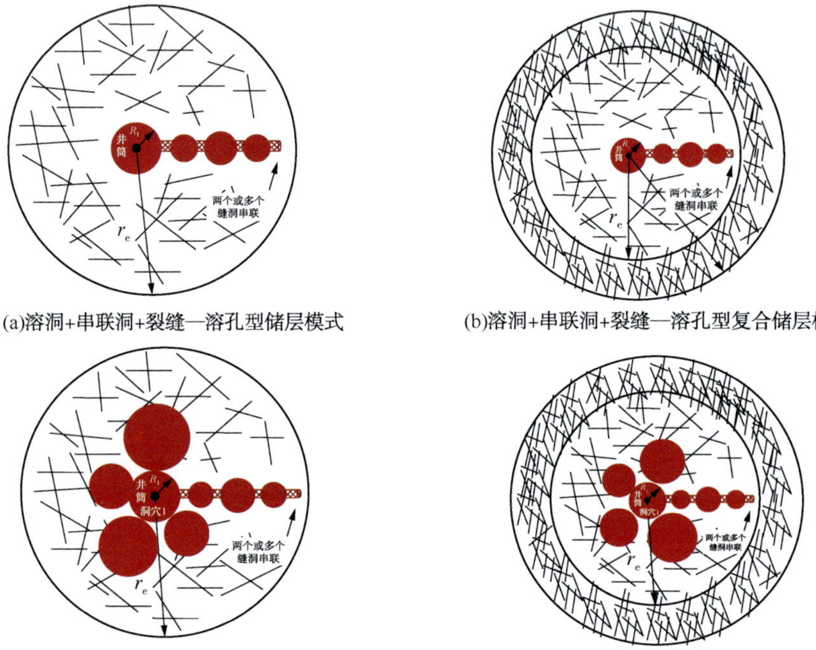

(a)溶洞+串联洞+裂缝—溶孔型储层模式　(b)溶洞+串联洞+裂缝—溶孔型复合储层模式

(c)多洞+串联洞+裂缝—溶孔型储层模式　(d)多洞+串联洞+裂缝—溶孔型复合储层模式

图 6-5　多洞多缝储层类

2）边界类型

每一种储层类型的不同缝洞模式均包括无限大边界、圆形边界、线性边界。

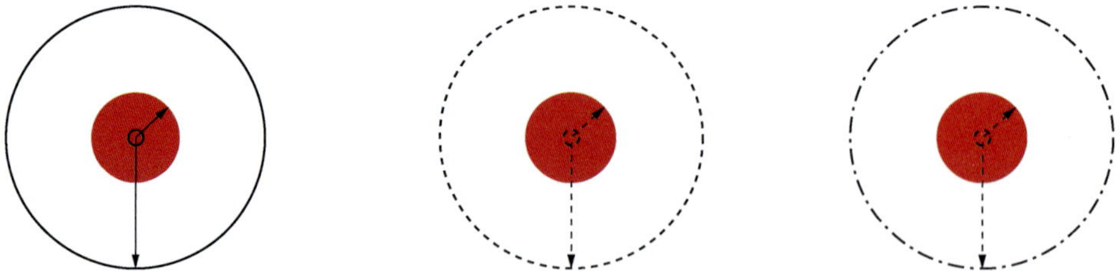

(a)圆形封闭边界　(b)圆形定压边界　(c)无限大边界

图 6-6　边界示意图

(d)相互平行边界　　(e)一条直线边界

图 6-6　边界示意图(续)

6.2　井钻遇溶洞型非连续介质试井数学模型

6.2.1　溶孔型储层模式试井数学模型

1) 渗流物理模型建立

考虑井筒储集和表皮效应的井钻遇溶洞型非连续介质溶孔型储层缝洞模式物理模型如图 6-7 所示。圆形储层中心发育一半径为 R 的溶洞，井钻遇大尺度溶洞，周围是均匀分布的溶孔或者微裂缝。储层中的流体裂缝或微溶孔流动到井钻遇的溶洞采出。

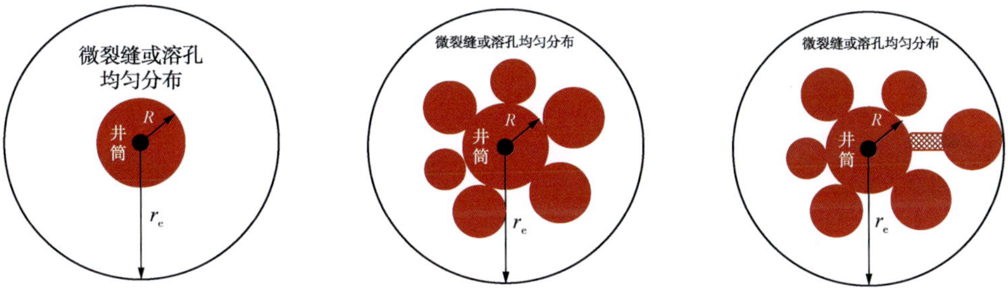

(a)溶洞+溶孔型储层模式　　(b)多洞+溶孔型储层模式　　(c)多洞+裂缝+溶孔型储层模式

图 6-7　溶孔型储层类

假设条件：①单相微可压缩流体；②圆形储层各向同性，水平等厚，周围为溶孔或微裂缝均匀分布介质；③忽略重力和毛管力的影响，考虑井筒储集和表皮效应的影响；④溶洞视为等势体，渗流过程中为等温，无任何特殊的物理和化学现象发生；⑤油井以定产量 q 生产；⑥在油藏开始开采之前，储层中任一位置处的压力为原始储层压力 p_i。

2) 试井数学模型建立

根据质量守恒原理建立流体不稳定渗流的连续方程、根据达西线性渗流规律建立运动方程、结合液体及岩石的状态方程整理得到流体不稳定渗流的基本微分方程：

基本微分方程：

$$\frac{K}{\mu}\frac{\partial^2 p}{\partial r^2}+\frac{K}{\mu}\frac{1}{r}\frac{\partial p}{\partial r}=\frac{\phi C_t}{3.6}\frac{\partial p}{\partial t} \tag{6-1}$$

溶洞质量守恒方程：

$$172.8\pi Rh\frac{K}{\mu}\frac{\partial p}{\partial r}\bigg|_{r=R}-24\pi R^2 hC_{tv}\phi_v\frac{\partial p_w}{\partial t}-24C\frac{\partial p_w}{\partial t}=qB \tag{6-2}$$

溶洞壁与储层之间的衔接条件：

$$p\big|_{r=r_w}-p_w=Sr\frac{\partial p}{\partial r}\bigg|_{r=r_w} \tag{6-3}$$

初始条件：

$$p(r,\ t=0)=p_i \tag{6-4}$$

外边界条件：

$$\frac{\partial p}{\partial r}\bigg|_{r=r_e}=0\text{（圆形封闭边界）} \tag{6-5}$$

$$p(r\to\infty,\ t=0)=p_i\text{（无限大边界）} \tag{6-6}$$

$$p(r=r_e,\ t=0)=p_i\text{（圆形定压边界）} \tag{6-7}$$

式中，p_i为原始储层压力，MPa；p为储层压力，MPa；p_w为井底压力，MPa；K为渗透率，μm^2；C_t为压缩系数，1/MPa；C为储集系数，m^3/MPa；ϕ为孔隙度，无量纲小数；r_w为油井半径，m；B为体积系数，m^3/m^3；h为油层厚度，m；r_e为边界半径，m；R为溶洞半径，m；q为油井产量，m^3/d；μ为流体黏度，mPa·s；S为表皮系数。

定义如下无因次量：

无因次压力：$p_D=\dfrac{Kh}{1.842\times10^{-3}q\mu B}(p_i-p)$。

无因次时间：$t_D=\dfrac{3.6Kt}{\phi C_t\mu r_w^2}$。

无因次距离：$r_{eD}=\dfrac{r_e}{r_w}$ $R_D=\dfrac{R}{r_w}$ $r_D=\dfrac{r}{r_w}$。

储集系数：$C_D=\dfrac{C}{2\pi\phi C_t hr_w^2}$。

溶洞储容比：$\omega_v=\dfrac{\phi_v C_{tv}}{2(\phi C_t)}$。

以上各式中，p_D为无因次储层压力；r_{eD}为无因次边界半径；R_D为无因次溶洞半径；t_D为无因次时间；C_D为无因次井筒储集系数；ω_v为溶洞储容比。

利用上述定义的无因次变量，对式(6-1)~式(6-7)进行无因次化，得到无因次试井数学模型：

$$\frac{\partial^2 p_D}{\partial r_D^2}+\frac{1}{r_D}\frac{\partial p_D}{\partial r_D}=\frac{\partial p_D}{\partial t_D} \tag{6-8}$$

$$r_D \frac{\partial p_D}{\partial r_D}\bigg|_{r_D=1} - \omega_v R_D^2 \frac{\partial p_{wD}}{\partial t_D} - C_D \frac{\partial p_{wD}}{\partial t_D} = 1 \tag{6-9}$$

$$p_D\big|_{r_D=1} - p_{wD} = S r_D \frac{\partial p_D}{\partial r_D}\bigg|_{r_D=1} \tag{6-10}$$

$$p_D(r_D,\ t_D=0)=0 \tag{6-11}$$

$$\frac{\partial p_D}{\partial r_D}\bigg|_{r_D=r_{eD}} = 0（圆形封闭边界） \tag{6-12}$$

$$p_D(r_D\to\infty,\ t_D)=0（无限大边界） \tag{6-13}$$

$$p_D(r_D=r_{eD},\ t_D)=0（圆形定压边界） \tag{6-14}$$

对式(6-8)~式(6-14)进行关于无因次时间 t_D 的 Laplace 变换：

$$\frac{\partial^2 \bar{p}_D}{\partial r_D^2} + \frac{1}{r_D}\frac{\partial \bar{p}_D}{\partial r_D} = u\bar{p}_D \tag{6-15}$$

$$r_D \frac{\partial \bar{p}_D}{\partial r_D}\bigg|_{r_D=1} - \omega_v R_D^2 u \bar{p}_{wD} - C_D u \bar{p}_{wD} = \frac{1}{u} \tag{6-16}$$

$$\bar{p}_D\big|_{r_D=1} - \bar{p}_{wD} = S r_D \frac{\partial \bar{p}_D}{\partial r_D}\bigg|_{r_D=1} \tag{6-17}$$

$$\bar{p}_D(r_D,\ u=0)=0 \tag{6-18}$$

$$\frac{\partial \bar{p}_D}{\partial r_D}\bigg|_{r_D=r_{eD}} = 0（圆形封闭边界） \tag{6-19}$$

$$\bar{p}_D(r_D\to\infty,\ u=0)=0（无限大边界） \tag{6-20}$$

$$\bar{p}_D(r_D=r_{eD},\ u)=0（圆形定压边界） \tag{6-21}$$

式(6-15)~式(6-21)就构成了溶孔型储层的缝洞型碳酸盐岩油藏无因次试井数学模型。

3）试井数学模型求解

求解无因次试井数学模型式(6-15)~式(6-21)得到 Laplace 空间井底压力：

$$\bar{p}_{wD} = \frac{u\bar{p}_D + S}{u\left[1 + (C_D u + u R_D^2 \omega_v)(u\bar{p}_D + S)\right]}（单洞） \tag{6-22}$$

$$\bar{p}_{wD} = \frac{u\bar{p}_D + S}{u\left\{1 + \left[\omega_1 R_{1D}^2 u + C_D u + \sum_{i=1}^{n-1}\lambda_i\left(1 - \frac{\lambda_i}{\lambda_i + \omega_i R_{iD}^2 u}\right)\right](u\bar{p}_D + S)\right\}}（多洞） \tag{6-23}$$

（1）圆形封闭边界：

$$\bar{p}_D = \frac{K_1(r_{eD}\sqrt{f(u)})I_0(\sqrt{f(u)}) + K_0(\sqrt{f(u)})I_1(r_{eD}\sqrt{f(u)})}{u\sqrt{f(u)}\left[I_1(r_{eD}\sqrt{f(u)})K_1(\sqrt{f(u)}) - K_1(r_{eD}\sqrt{f(u)})I_1(\sqrt{f(u)})\right]} \tag{6-24}$$

（2）圆形定压边界：

$$\bar{p}_D = \frac{K_0(\sqrt{f(u)})I_0(r_{eD}\sqrt{f(u)}) - K_0(r_{eD}\sqrt{f(u)})I_0(\sqrt{f(u)})}{u\sqrt{f(u)}\left[I_0(r_{eD}\sqrt{f(u)})K_1(\sqrt{f(u)}) + K_0(r_{eD}\sqrt{f(u)})I_1(\sqrt{f(u)})\right]} \tag{6-25}$$

（3）无限大边界：

$$\bar{p}_{\mathrm{D}}=\frac{K_0(\sqrt{f(u)})}{u\sqrt{f(u)}K_1(\sqrt{f(u)})} \tag{6-26}$$

其中：

$$f(u)=u$$

式中，$I_0(x)$、$K_0(x)$为零阶虚宗量贝塞尔函数；$I_1(x)$、$K_1(x)$为一阶虚宗量贝塞尔函数；u 为 Laplace 变量。

以上是当储层为圆形储层的情况，对于缝洞型碳酸盐岩油藏来说，由于岩溶等情况，会使得储层中存在断裂带，因此，考虑建立井钻遇单个溶洞的线性储层数学模型。对于不同缝洞模式的线性边界的情况，求解理论是相同的，因此，后面的模型求解中将不再重复说明线性边界的求解过程。

对于线性储层的情况，可以通过镜像法则和叠加原理来处理，应用叠加原理建立 Laplace 空间的井底压力的表达式为：

$$\bar{p}_{\mathrm{wD}}=\bar{p}_{\mathrm{wDi}}+\bar{p}_{\mathrm{wDb}} \tag{6-27}$$

式中，$\bar{p}_{\mathrm{wDi}}$为无限大油藏无因次井底压力；$\bar{p}_{\mathrm{wDb}}$为线性边界引起的无因次井底压力的叠加函数。

（4）一条外边界：

$$\bar{p}_{\mathrm{wDb}}=\frac{1}{u}K_0(\sqrt{f(u)}2L_{\mathrm{D}}) \tag{6-28}$$

（5）相互平行边界：

$$\bar{p}_{\mathrm{wDb}}=-\frac{1}{2}\sum_{n=1}^{\infty}\left[Ei\left(-\frac{A_n^2}{t_{\mathrm{D}}}\right)+Ei\left(-\frac{B_n^2}{t_{\mathrm{D}}}\right)\right]] \tag{6-29}$$

其中：

$$A_n=\mathrm{int}\left(\frac{n+1}{2}\right)L_{1\mathrm{D}}+\mathrm{int}\left(\frac{n}{2}\right)L_{2\mathrm{D}}B_n=\mathrm{int}\left(\frac{n+1}{2}\right)L_{2\mathrm{D}}+\mathrm{int}\left(\frac{n}{2}\right)L_{1\mathrm{D}}C_n=nL_{1\mathrm{D}}+(n-1)L_{2\mathrm{D}}$$

得到 Laplace 空间的井底压力解后，利用 Stehfest 数值反演算法进行数值反演，得到实空间的井底压力解 p_{wD}。

当溶洞中流体流动的能量守恒不再忽略时，并以管流的伯努利方程表征能量守恒，如图 6-8 所示。此时溶洞不再看成是等势体，考虑溶洞中流体流动时的能量消耗以及流体在油管中流动时的管流能量消耗。对于不同模式，钻遇溶洞看成是等势体的情况是相同的，不再一一说明。

利用管流理论建立描述溶洞系统的流体流动规律的水动力学数学模型，由总流的伯努利方程得到管流流动的能量方程：

$$p_{\mathrm{v1}}+\frac{1}{2}\rho v_1^2+\rho gz_1=p_{\mathrm{wf0}}+\frac{1}{2}\rho v_0^2+\rho gz_0+T(E)_{1-0} \tag{6-30}$$

式中，水头损失的能量 $T(E)$，考虑流动速度造成的能量损失，得到管流的流量公式：

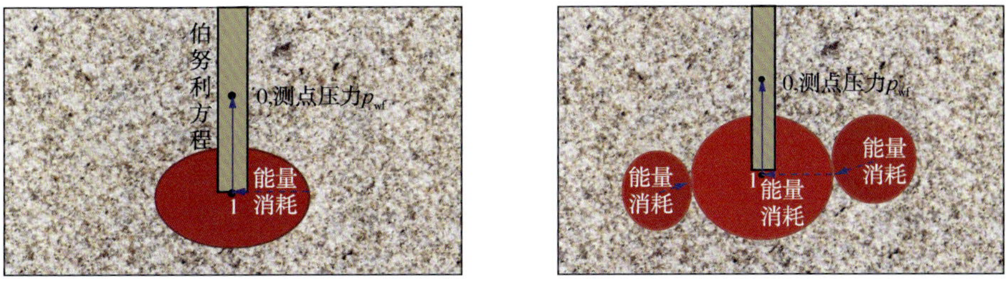

图 6-8　溶洞中流体流动示意图

$$Q=\frac{\pi r_o^4}{8\mu L}(p_{v1}-p_{wf0}) \tag{6-31}$$

利用上式对钻遇溶洞的方程进行修正：

$$172.8\pi Rh\frac{K}{\mu}\frac{\partial p}{\partial r}\bigg|_{r=R}-24\pi R^2hC_{tv}\varphi_v\frac{\partial p_w}{\partial t}-24C\frac{\partial p_w}{\partial t}+\frac{\pi R^4}{8\mu R}(p|_{r=R}-p_v)+\frac{\pi r_w^4}{8\mu L}(p|_{r=R}-p_w)=qB \tag{6-32}$$

通过 Laplace 变换得到拉式空间井底压力：

$$\bar{p}_{wD}=\frac{u\bar{p}_{1D}+S}{u\{1+(A_{2D}+C_Du)(u\bar{p}_{1D}+S)\}} \tag{6-33}$$

其中：

$$\bar{p}_{1D}=\frac{S[(A_{1D}S+A_{2D}S)u\bar{p}_D(R_{1D})-(A_{1D}S+S\omega_vR_D^2u-1)u\bar{p}_D(r_D=1)]}{u\{u\bar{p}_D(r_D=1)+S-[(A_{1D}S+A_{2D}S)u\bar{p}_D(R_{1D})-(A_{1D}S+S\omega_vR_{1D}^2u-1)u\bar{p}_D(r_D=1)]\}}$$

（单洞情况）

$$\bar{p}_{1D}=\frac{S\left[\left(A_{1D}S+A_{2D}S-S\sum_{i=2}^{n}\frac{\lambda_i\omega_iR_{iD}^2u}{\lambda_i+\omega_iR_{iD}^2u+A'_{iD}}\right)u\bar{p}_D(R_{1D})-(A_{1D}S+S\omega_vR_D^2u-1)u\bar{p}_D(r_D=1)\right]}{u\left\{u\bar{p}_D(r_D=1)+S-\left[\left(A_{1D}S+A_{2D}S-S\sum_{i=2}^{n}\frac{\lambda_i\omega_iR_{iD}^2u}{\lambda_i+\omega_iR_{iD}^2u+A'_{iD}}\right)u\bar{p}_D(R_{1D})-(A_{1D}S+S\omega_vR_{1D}^2u-1)u\bar{p}_D(r_D=1)\right]\right\}}$$

（多洞情况）

$$\bar{p}_D(r_D=1)=\frac{K_0(\sqrt{f(u)})}{u\sqrt{f(u)}K_1(\sqrt{f(u)})}$$

$$\bar{p}_D(R_{1D})=\frac{K_0(R_{1D}\sqrt{f(u)})}{u\sqrt{f(u)}K_1(\sqrt{f(u)})}$$

$$A_{1D}=\frac{R_1^3}{2\times 8K_fh\ 10^6}$$

$$A'_{iD}=\frac{R_i^3}{2\times 8K_fh\ 10^6}$$

$$A_{2D}=\frac{r_w^4}{2\times 8K_fhL\ 10^6}$$

6.2.2 裂缝—溶孔型储层模式试井数学模型

1）渗流物理模型建立

圆形储层中，考虑井筒储集和表皮效应的井钻遇溶洞型非连续介质单个溶洞+裂缝—溶孔型储层缝洞模式渗流物理模型如图6-9所示。假设圆形储层中心发育一半径为R溶洞，井钻遇大尺度溶洞，周围为由溶孔和裂缝组成的储层，流体由溶孔渗流到裂缝中，经过裂缝流入大尺度溶洞中，再通过井筒采出。

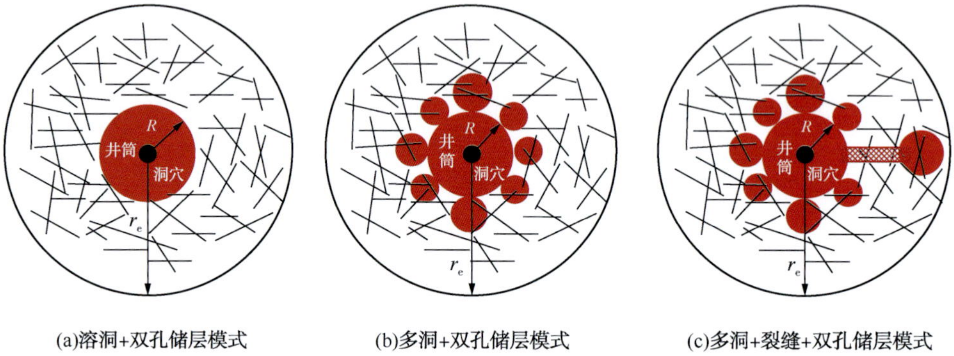

图6-9　双孔介质储层类

假设条件：①单相微可压缩流体；②圆形储层各向同性，水平等厚，周围为裂缝—溶孔型储层；③忽略重力和毛管力的影响，考虑井筒储集和表皮效应的影响；④介质中流体的渗流为达西渗流，渗流过程中为等温，无任何特殊的物理和化学现象发生；⑤油井以定产量q生产；⑥在油藏开始开采之前，储层中任一位置处的压力为原始储层压力p_i。

2）试井数学模型求解

对于裂缝—溶孔型储层或者多孔储层的试井数学模型的建立详见溶孔型储层的试井数学模型建立过程。裂缝—溶孔型储层中的函数表达式$f(u)$：

$$f(u)=u\frac{\lambda+\omega u(1-\omega)}{\lambda+(1-\omega)u}\text{（双孔介质）} \tag{6-34}$$

给出多洞+裂缝模式对应的试井数学模型的解：

（1）圆形封闭边界：

$$\bar{p}_D=S\frac{d_1aI_0((L_D+R_{1D})\sqrt{f(u)})+aK_0((L_D+R_{1D})\sqrt{f(u)})}{u\{c_1-d_1aI_0((L_D+R_{1D})\sqrt{f(u)})-aK_0((L_D+R_{1D})\sqrt{f(u)})\}} \tag{6-35}$$

（2）无限大边界：

$$\bar{p}_D=S\frac{aK_0[(L_D+R_{1D})\sqrt{f(u)}]}{u\{c_2-aK_0[(L_D+R_{1D})\sqrt{f(u)}]\}} \tag{6-36}$$

（3）圆形定压边界：

$$\bar{p}_D = S \frac{d_2 a I_0((L_D+R_{1D})\sqrt{f(u)}) + aK_0((L_D+R_{1D})\sqrt{f(u)})}{u\{c_1 - d_2 a I_0((L_D+R_{1D})\sqrt{f(u)}) - aK_0((L_D+R_{1D})\sqrt{f(u)})\}} \tag{6-37}$$

其中：

$$a = 1 - \frac{\omega_2 R_{2D}^2 u}{C_{FD}}$$

$$d_1 = \frac{K_1(r_{eD}\sqrt{f(u)})}{I_1(r_{eD}\sqrt{f(u)})}$$

$$f(u) = u\,\frac{\lambda+\omega(1-\omega)u}{(1-\omega)u+\lambda}$$

$$c_2 = K_0(\sqrt{f(u)}) + S\sqrt{f(u)}\,K_1(\sqrt{f(u)})$$

$$d_2 = -\frac{K_0(r_{eD}\sqrt{f(u)})}{I_0(r_{eD}\sqrt{f(u)})}$$

$$c_1 = dI_0(\sqrt{f(u)}) + K_0(\sqrt{f(u)}) - S\sqrt{f(u)}[dI_1(\sqrt{f(u)}) - K_1(\sqrt{f(u)})]$$

式中，$I_0(x)$、$K_0(x)$为零阶虚宗量贝塞尔函数；$I_1(x)$、$K_1(x)$为一阶虚宗量贝塞尔函数；u为 Laplace 变量。

定义无因次量：

裂缝储容比：$\omega = \frac{\phi_f C_{tf}}{\phi_f C_{tf} + \phi_m C_{tm}}$。

溶洞储容比：$\omega_v = \frac{\phi_v C_{tv}}{2(\phi_f C_{tf} + \phi_m C_{tm})}$。

窜流系数：$\lambda = \alpha \frac{K_m}{K_f} r_w^2$。

以上各式中，ω_v为溶洞储容比；ω为裂缝储容比；λ为窜流系数；K为渗透率，μm^2；C_t为压缩系数，1/MPa；C为储集系数，m^3/MPa；ϕ为孔隙度，无量纲小数；f、v、m 分别为裂缝、溶洞和基质；u为 Laplace 变量。

6.2.3 溶孔型复合储层模式试井数学模型

1）渗流物理模型建立

考虑井筒储集和表皮效应的井钻遇溶洞型非连续介质溶孔型复合储层缝洞模式渗流物理模型如图 6-10 所示。假设圆形储层中心有一大尺度溶洞，井钻遇此大尺度溶洞，周围为溶孔型储层构成的两区复合储层。溶洞半径为R，井钻遇溶洞，裂缝为主要的流动通道，流体通过裂缝流到溶洞，然后再通过油井将大尺度溶洞中的流体采出。

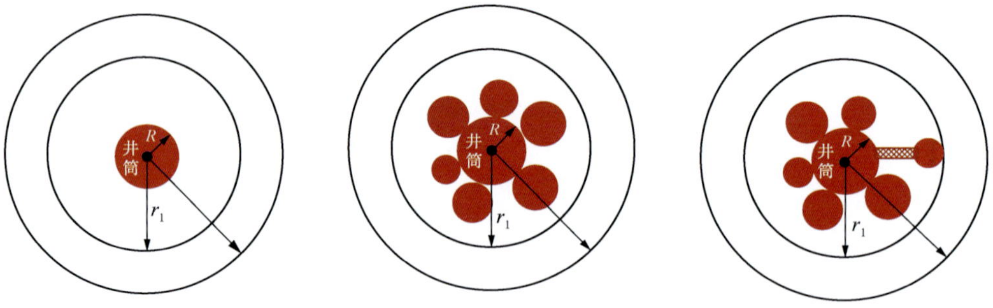

图 6-10　溶孔型复合储层类

假设条件：①单相微可压缩流体；②圆形储层各向同性水平等厚，溶洞周围为溶孔型复合储层；③忽略重力和毛管力的影响，考虑井筒储集和表皮效应的影响；④介质中流体的渗流为达西渗流，渗流过程中为等温，无任何特殊的物理和化学现象发生；⑤油井以定产量 q 生产；⑥在油藏开始开采之前，储层中任一位置处的压力为原始储层压力 p_i。

2）试井数学模型求解

根据质量守恒原理建立流体不稳定渗流的连续方程、根据达西线性渗流规律建立运动方程、结合液体及岩石的状态方程整理得到流体不稳定渗流的基本微分方程：

1 区渗流微分方程：

$$\left(\frac{K}{\mu}\right)_1\frac{\partial^2 p_1}{\partial r^2}+\left(\frac{K}{\mu}\right)_1\frac{1}{r}\frac{\partial p_1}{\partial r}=\frac{\phi_1 C_{t1}}{3.6}\frac{\partial p_1}{\partial t} \tag{6-38}$$

2 区渗流微分方程：

$$\left(\frac{K}{\mu}\right)_2\frac{\partial^2 p_2}{\partial r^2}+\left(\frac{K}{\mu}\right)_2\frac{1}{r}\frac{\partial p_2}{\partial r}=\frac{\phi_2 C_{t2}}{3.6}\frac{\partial p_2}{\partial t} \tag{6-39}$$

溶洞质量守恒方程：

$$172.8\pi Rh\left(\frac{K}{\mu}\right)_1\frac{\partial p_1}{\partial r}\bigg|_{r=r_w}-24\pi R^2 hC_{tv}\phi_v\frac{\partial p_w}{\partial t}-24C\frac{\partial p_w}{\partial t}=qB \tag{6-40}$$

溶洞壁与储层之间的衔 2 接条件：

$$p_1\big|_{r=r_w}-p_w=Sr\frac{\partial p_1}{\partial r}\bigg|_{r=r_w} \tag{6-41}$$

流量相等：

$$\left(\frac{K}{\mu}\right)_1\frac{\partial p_1}{\partial r}\bigg|_{r=r_1}=\left(\frac{K}{\mu}\right)_2\frac{\partial p_2}{\partial r}\bigg|_{r=r_2} \tag{6-42}$$

压力相等：

$$p_1(r_1,\ t)=p_2(r_1,\ t) \tag{6-43}$$

初始条件：

$$p_j(r,\ t=0)=p_i(j=1、2) \tag{6-44}$$

外边界条件：

$$\left.\frac{\partial p_2}{\partial r}\right|_{r=r_e}=0(\text{圆形封闭边界}) \tag{6-45}$$

$$p_2(r\to\infty,\ t=0)=p_i(\text{无限大边界}) \tag{6-46}$$

$$p_2(r=r_2,\ t=0)=p_i(\text{圆形定压边界}) \tag{6-47}$$

式中：p_i为原始储层压力，MPa；p 为储层压力，MPa；p_w为井底压力，MPa；K 为渗透率，μm^2；C_t为压缩系数，1/MPa；C 为储集系数，m^3/MPa；ϕ 为孔隙度，无量纲小数；r_w为油井半径，m；B 为体积系数；h 为油层厚度，m；r_e为边界半径，m；R 为溶洞半径，m；q 为油井产量，m^3/d；μ 为流体黏度，mPa·s；S 为表皮系数；下标 1、2 分别为 1 区、2 区。

定义如下无因次变量：

无因次压力：$p_{jD}=\dfrac{(Kh)_1}{1.842\times10^{-3}q\mu_1 B}(p_i-p_j)(j=1、2)$。

无因次时间：$t_D=\dfrac{3.6K_1 t}{(\phi C_t)_1\mu_1 r_w^2}$。

无因次距离：$r_{eD}=\dfrac{r_e}{r_w}$　$R_D=\dfrac{R}{r_w}$　$r_{1D}=\dfrac{r_1}{r_w}$　$r_{2D}=\dfrac{r_2}{r_w}$。

储集系数：$C_D=\dfrac{C}{2\pi(\phi C_t)_1 h r_w^2}$。

溶洞储容比：$\omega_v=\dfrac{\phi_v C_{tv}}{2(\phi C_t)_1}$。

流度比：$M=\dfrac{\left(\dfrac{Kh}{\mu}\right)_1}{\left(\dfrac{Kh}{\mu}\right)_2}$。

储能比：$P=\dfrac{(\phi C_t)_1}{(\phi C_t)_2}$。

以上各式中，p_{jD}为无因次储层压力；r_{eD}为无因次边界半径；R_D为无因次溶洞半径；t_D为无因次时间；C_D为无因次井筒储集系数；ω_v为溶洞储容比；1、2 分别为 1 区、2 区。

利用上述定义的无因次变量，对式(6-38)~式(6-47)进行无因次化，得到溶孔型复合储层无因次试井数学模型：

$$\frac{\partial^2 p_{1D}}{\partial r_D^2}+\frac{1}{r_D}\frac{\partial p_{1D}}{\partial r_D}=\frac{\partial p_{1D}}{\partial t_D} \tag{6-48}$$

$$\frac{\partial^2 p_{2D}}{\partial r_D^2}+\frac{1}{r_D}\frac{\partial p_{2D}}{\partial r_D}=N\frac{\partial p_{2D}}{\partial t_D} \tag{6-49}$$

$$r_D \frac{\partial p_{1D}}{\partial r_D}\bigg|_{r_D=1} - \omega_v R_D^2 \frac{\partial p_{wD}}{\partial t_D} - C_D \frac{\partial p_{wD}}{\partial t_D} = 1 \tag{6-50}$$

$$p_{1D}\big|_{r_D=1} - p_{wD} = S r_D \frac{\partial p_{1D}}{\partial r_D}\bigg|_{r_D=1} \tag{6-51}$$

$$\frac{\partial p_{1D}}{\partial r_D}\bigg|_{r_D=r_{1D}} = \frac{1}{M}\frac{\partial p_{2D}}{\partial r_D}\bigg|_{r_D=r_{2D}} \tag{6-52}$$

$$p_{1D}(r_{1D},\ t_D) = p_{2D}(r_{1D},\ t_D) \tag{6-53}$$

$$p_{jD}(r_D,\ t_D=0) = 0(j=1,\ 2) \tag{6-54}$$

$$\frac{\partial p_{2D}}{\partial r_D}\bigg|_{r_D=r_{eD}} = 0（圆形封闭边界） \tag{6-55}$$

$$p_{2D}(r_D \to \infty,\ t_D=0) = 0（无限大边界） \tag{6-56}$$

$$p_{2D}(r_D=r_{2D},\ t_D=0) = 0（圆形定压边界） \tag{6-57}$$

对式(6−48)～式(6−57)进行关于无因次时间 t_D 的 Laplace 变换：

$$\frac{\partial^2 \bar{p}_{1D}}{\partial r_D^2} + \frac{1}{r_D}\frac{\partial \bar{p}_{1D}}{\partial r_D} = u\bar{p}_{1D} \tag{6-58}$$

$$\frac{\partial^2 \bar{p}_{2D}}{\partial r_D^2} + \frac{1}{r_D}\frac{\partial \bar{p}_{2D}}{\partial r_D} = Nu\bar{p}_{2D} \tag{6-59}$$

$$r_D \frac{\partial \bar{p}_{1D}}{\partial r_D}\bigg|_{r_D=1} - \omega_v R_D^2 u\bar{p}_{wD} - C_D u\bar{p}_{wD} = \frac{1}{u} \tag{6-60}$$

$$\bar{p}_{1D}\big|_{r_D=1} - \bar{p}_{wD} = S r_D \frac{\partial \bar{p}_{1D}}{\partial r_D}\bigg|_{r_D=1} \tag{6-61}$$

$$\frac{\partial \bar{p}_{1D}}{\partial r_D}\bigg|_{r_D=r_{1D}} = \frac{1}{M}\frac{\partial \bar{p}_{2D}}{\partial r_D}\bigg|_{r_D=r_{2D}} \tag{6-62}$$

$$\bar{p}_{1D}(r_{1D},\ u) = \bar{p}_{2D}(r_{1D},\ u) \tag{6-63}$$

$$\bar{p}_{jD}(r_D,\ u=0) = 0(j=1,\ 2) \tag{6-64}$$

$$\frac{\partial \bar{p}_{2D}}{\partial r_D}\bigg|_{r_D=r_{eD}} = 0（圆形封闭边界） \tag{6-65}$$

$$\bar{p}_{2D}(r_D \to \infty,\ u=0) = 0（无限大边界） \tag{6-66}$$

$$\bar{p}_{2D}(r_D=r_{2D},\ u=0) = 0（圆形定压边界） \tag{6-67}$$

式(6−58)～式(6−67)就构成了井钻遇大尺度溶洞的缝洞型碳酸盐岩油藏无因次试井数学模型。

3）试井数学模型求解

求解无因次试井数学模型式得到拉氏空间井底压力：

$$\bar{p}_{wD} = \frac{u\bar{p}_D + S}{u[1+(C_D u + uR_D^2\omega_v)(u\bar{p}_D + S)]}（单洞） \tag{6-68}$$

$$\bar{p}_{\mathrm{wD}}=\frac{u\bar{p}_{\mathrm{D}}+S}{u\left\{1+\left[\omega_1 R_{1\mathrm{D}}^2 u+C_{\mathrm{D}}u+\sum_{i=1}^{n-1}\lambda_i\left(1-\frac{\lambda_i}{\lambda_i+\omega_i R_{i\mathrm{D}}^2 u}\right)\right](u\bar{p}_{\mathrm{D}}+S)\right\}}\text{（多洞）} \tag{6-69}$$

其中：

$$\bar{p}_{\mathrm{D}}=\frac{K_0(\sqrt{f_1(u)})+K_{\mathrm{A}}I_0(\sqrt{f_1(u)})}{u\sqrt{f_1(u)}[K_1(\sqrt{f_1(u)})-K_{\mathrm{A}}I_1(\sqrt{f_1(u)})]}\text{（单洞或多洞）}$$

$$K_{\mathrm{A}}=\frac{f_{\mathrm{KI0}}(1)+f_{\mathrm{KI1}}(1)\cdot G}{G-1}$$

$$G=\frac{f_{\mathrm{I}}(2)}{f_{\mathrm{I}}(1)}\ \frac{f_{\mathrm{KI0}}(2)+Ra}{-f_{\mathrm{KI1}}(2)+Ra}$$

$$f_{\mathrm{KI0}}(1)=\frac{K_0[r_{1\mathrm{D}}\sqrt{f_1(u)}]}{\mathrm{I}_0[r_{1\mathrm{D}}\sqrt{f_1(u)}]}$$

$$N=\frac{M_{12}}{PC_{12}}=\frac{\text{流度比}}{\text{储容比}}$$

$$f_{\mathrm{KI0}}(2)=\frac{K_0[r_{1\mathrm{D}}\sqrt{f_2(u)}]}{I_0[r_{1\mathrm{D}}\sqrt{f_2(u)}]}$$

$$f_{\mathrm{KI1}}(1)=\frac{K_1[r_{1\mathrm{D}}\sqrt{f_1(u)}]}{I_1[r_{1\mathrm{D}}\sqrt{f_1(u)}]}$$

$$f_{\mathrm{KI1}}(2)=\frac{K_1[r_{1\mathrm{D}}\sqrt{f_2(u)}]}{I_1[r_{1\mathrm{D}}\sqrt{f_2(u)}]}$$

$$f_1(u)=uf_2(u)=uN$$

$$f_{\mathrm{I}}(1)=\frac{I_0[r_{1\mathrm{D}}\sqrt{f_1(u)}]}{I_1[r_{1\mathrm{D}}\sqrt{f_1(u)}]}$$

$$f_{\mathrm{I}}(2)=\frac{M_{12}\sqrt{f_1(u)}}{\sqrt{f_2(u)}}\ \frac{I_0[r_{1\mathrm{D}}\sqrt{f_2(u)}]}{I_1[r_{1\mathrm{D}}\sqrt{f_2(u)}]}$$

$$Ra=0\text{（无限大边界）}$$

$$Ra=-\frac{K_0[r_{2\mathrm{D}}\sqrt{f_2(u)}]}{I_0[r_{2\mathrm{D}}\sqrt{f_2(u)}]}\text{（圆形定压边界）}$$

$$Ra=\frac{K_1[r_{2\mathrm{D}}\sqrt{f_2(u)}]}{I_1[r_{2\mathrm{D}}\sqrt{f_2(u)}]}\text{（圆形封闭边界）}$$

式中，$I_0(x)$、$K_0(x)$为零阶虚宗量贝塞尔函数；$I_1(x)$、$K_1(x)$为一阶虚宗量贝塞尔函数；u 为 Laplace 变量。

6.2.4 裂缝—溶孔型复合储层模式试井数学模型

1）渗流物理模型建立

考虑井筒储集和表皮效应的井钻遇溶洞型非连续介质溶洞+裂缝—溶孔型复合储层缝洞模式渗流物理模型如图 6-11 所示。假设圆形储层中心有一大尺度溶洞，井钻遇此大尺度溶洞，周围为裂缝—溶孔型储层构成的两区双孔复合储层。溶洞半径为 R，井钻遇溶洞，裂缝为主要的流动通道，流体通过裂缝流到溶洞，然后再通过油井将大尺度溶洞中的流体采出。

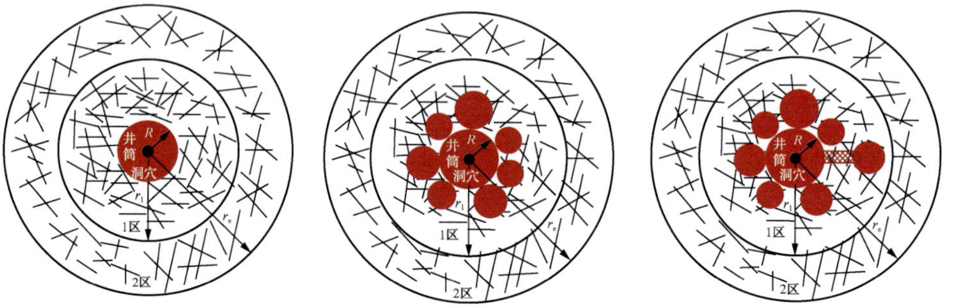

(a)溶洞+裂缝—溶孔型复合储层　(b)多洞+裂缝—溶孔型复合储层　(c)多洞+裂缝+裂缝—溶孔型复合储层

图 6-11　裂缝—溶孔型复合储层类

假设条件：①单相微可压缩流体；②圆形储层各向同性水平等厚，溶洞周围为裂缝—溶孔型储层组成的两区复合储层；③忽略重力和毛管力的影响，考虑井筒储集和表皮效应的影响；④将溶洞视为等势体，裂缝及溶孔中流体的渗流为达西渗流，渗流过程中为等温，无任何特殊的物理和化学现象发生；⑤油井以定产量 q 生产；⑥在油藏开始开采之前，储层中任一位置处的压力为原始储层压力 p_i。

2）试井数学模型求解

裂缝—溶孔型复合储层的试井数学模型与溶孔型复合储层试井数学模型的建立过程类似，在这里只给出不同之处及解。

无因次量定义：

储集系数：$C_D=\dfrac{C}{2\pi\left(\phi_f C_{tf}+\phi_m C_{tm}\right)_1 h r_w^2}$。

1 区裂缝储容比：$\omega_1=\left(\dfrac{\phi_f C_{tf}}{\phi_f C_{tf}+\phi_m C_{tm}}\right)_1$。

2 区裂缝储容比：$\omega_2=\left(\dfrac{\phi_f C_{tf}}{\phi_f C_{tf}+\phi_m C_{tm}}\right)_2$。

溶洞储容比：$\omega_v=\dfrac{\phi_v C_{tv}}{2\left(\phi_f C_{tf}+\phi_m C_{tm}\right)}$。

1 区窜流系数：$\lambda_1=\left(\alpha\dfrac{K_m}{K_f}\right)_1 r_w^2$。

2 区窜流系数：$\lambda_2=\left(\alpha\dfrac{K_m}{K_f}\right)_2 r_w^2$。

流度比：$M=\dfrac{\left(\dfrac{K_f}{\mu}\right)_1}{\left(\dfrac{K_f}{\mu}\right)_2}$。

储能比：$P=\dfrac{(\phi_f C_{tf}+\phi_m C_{tm})_1}{(\phi_f C_{tf}+\phi_m C_{tm})_2}$。

以上各式中，f、v、m 分别为裂缝、溶洞和基质；ω 为裂缝储容比；λ 为窜流系数；1、2 分别为 1 区、2 区；u 为 Laplace 变量。

裂缝—溶孔型复合储层模式的函数 $f(u)$：

$$f_1(u)=u\frac{\omega_1(1-\omega_1)u+\lambda_1}{(1-\omega_1)u+\lambda_1} \tag{6-70}$$

$$f_2(u)=u\frac{N^2\omega_2(1-\omega_2)u+\lambda_2 N}{N(1-\omega_2)u+\lambda_2} \tag{6-71}$$

多洞+裂缝的试井数学模型的解：

$$\bar{p}_D=S\frac{aK_0[(L_{1D}+R_{1D})\sqrt{f_1(u)}]+aK_A I_0[(L_{1D}+R_{1D})\sqrt{f_1(u)}]}{u\sqrt{f_1(u)}\{[K_1[\sqrt{f_1(u)}]-K_A I_1[\sqrt{f_1(u)}]]\}}(\text{多洞+裂缝}) \tag{6-72}$$

6.2.5 串联洞模式试井数学模型

1）渗流物理模型建立

井钻遇溶洞型非连续介质多缝多缝储层模式渗流物理模型如图 6-12 所示。井钻遇大尺度溶洞，连接由裂缝和溶洞组成的串联洞模式。流体的采出依靠大型洞穴及流体的弹性，通过大孔道间接向井筒供液，周围储层为由裂缝及溶蚀孔洞组成的裂缝—溶孔型储层、裂缝—溶孔型复合介质储层(或溶孔型储层、溶孔型复合储层)。

假设条件：①单相微可压缩流体；②圆形储层各向同性，水平等厚，溶洞周围为裂缝—溶孔型储层或者裂缝—溶孔型复合储层；③忽略重力和毛管力的影响；考虑井筒储集和表皮效应的影响；④流体的渗流为达西渗流，渗流过程中为等温，无任何特殊的物理和化学现象发生；⑤油井以定产量 q 生产；⑥在油藏开始开采之前，储层中任一位置处的压力为原始储层压力 p_i；⑦串联洞的缝洞结构中溶洞和裂缝均可以不相同。

2）试井数学模型建立

结合上面所述的模型的推导过程，这里只是给出裂缝—溶孔型储层和裂缝—溶孔型复合储层的数学模型的解：

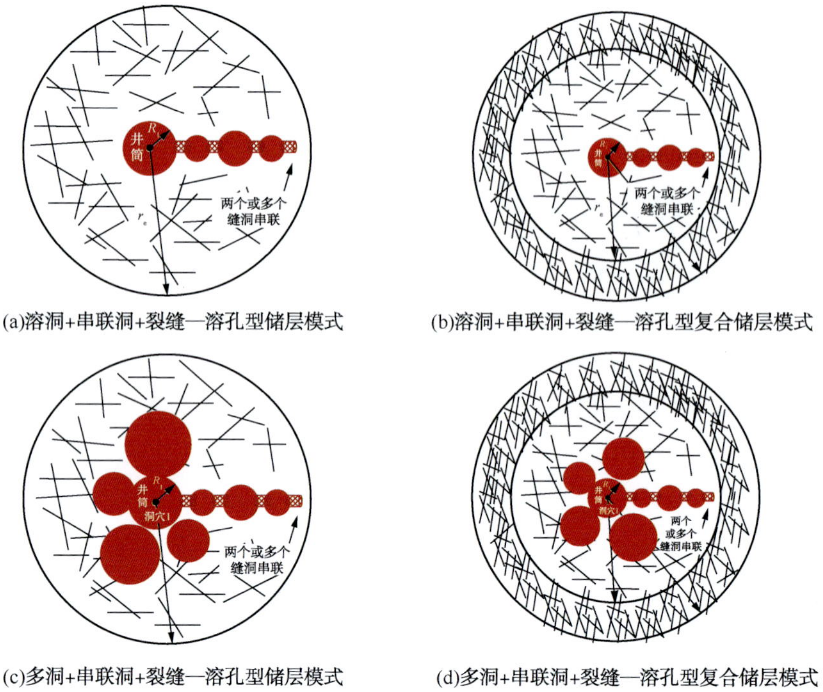

(a)溶洞+串联洞+裂缝—溶孔型储层模式　(b)溶洞+串联洞+裂缝—溶孔型复合储层模式

(c)多洞+串联洞+裂缝—溶孔型储层模式　(d)多洞+串联洞+裂缝—溶孔型复合储层模式

图 6-12　多洞多缝储层类

（1）串联洞+裂缝—溶孔型储层模式。

考虑大尺度裂缝的线性流：

$$\frac{K_{\mathrm{F}}}{\mu}\frac{\partial^2 p_{\mathrm{F}}}{\partial x^2}=\frac{\phi_{\mathrm{F}}C_{\mathrm{tF}}}{3.6}\frac{\partial p_{\mathrm{F}}}{\partial t} \tag{6-73}$$

$$\bar{p}_{\mathrm{FD}}=A_1e^{\sqrt{u}}+B_1e^{-\sqrt{u}} \tag{6-74}$$

$$\bar{p}_{\mathrm{wD}}=\frac{u\bar{p}_{\mathrm{FD}}+S}{u[1+(C_{\mathrm{D}}u+R_{\mathrm{vD0}}^2\omega_0u)](u\bar{p}_{\mathrm{FD}}+S)} \tag{6-75}$$

其中：

$$B_0=\frac{W_3}{W_4[I_0(R_{\mathrm{vD1}}\sqrt{f(u)M_{\mathrm{D}}})\cdot KI+K_0(R_{\mathrm{vD1}}\sqrt{f(u)M_{\mathrm{D}}})]-R_{\mathrm{vD1}}^2\omega_1h_{\mathrm{D}}\eta_2\sqrt{f(u)M_{\mathrm{D}}}[I_1(R_{\mathrm{vD1}}\sqrt{f(u)M_{\mathrm{D}}})\cdot KI-K_1(R_{\mathrm{vD1}}\sqrt{f(u)M_{\mathrm{D}}})]}$$

$$\bar{p}_{\mathrm{vD1}}=B_0\cdot[I_0(R_{\mathrm{vD1}}\sqrt{f(u)M_{\mathrm{D}}})\cdot KI+K_0(R_{\mathrm{vD1}}\sqrt{f(u)M_{\mathrm{D}}})]$$

$$A_1=W_1\bar{p}_{\mathrm{vD1}}-W_2$$

$$B_1=\bar{p}_{\mathrm{vD1}}e^{x_{1\mathrm{D}}\sqrt{u}}-W_1\bar{p}_{\mathrm{vD1}}e^{2x_{1\mathrm{D}}\sqrt{u}}+W_2e^{2x_{1\mathrm{D}}\sqrt{u}}$$

$$W_1=\frac{e^{x_{1\mathrm{D}}\sqrt{u}}}{e^{2\sqrt{u}}+e^{2x_{1\mathrm{D}}\sqrt{u}}}$$

$$W_2=\frac{e^{\sqrt{u}}}{A_{\mathrm{D}}\cdot u\sqrt{u}(e^{2\sqrt{u}}+e^{2x_{1\mathrm{D}}\sqrt{u}})}$$

$$W_3=2A_{\mathrm{D}}\sqrt{u}\cdot W_2\cdot e^{x_{1\mathrm{D}}\sqrt{u}}$$

$$W_4 = R_{\mathrm{vD1}}^2 h_{\mathrm{D}} \eta_1 u + 2A_{\mathrm{D}} \sqrt{u} W_1 e^{x_{1\mathrm{D}}\sqrt{u}} - A_{\mathrm{D}} u$$

$$W_5 = \frac{R_{\mathrm{vDi}}^2 h_{\mathrm{D}} \eta_{12\mathrm{i}} u - A_{\mathrm{D}} u}{-2A_{\mathrm{D}} e^{x_{[2i-1]\mathrm{D}}\sqrt{u}}}$$

$$W_6 = \frac{R_{\mathrm{vDi}}^2 \omega_i h_{\mathrm{D}} \eta_{22\mathrm{i}} \left[KI \cdot I_1\left(R_{\mathrm{vDi}}\sqrt{f(u)M_{\mathrm{D}}}\right) - K_1\left(R_{\mathrm{vDi}}\sqrt{f(u)M_{\mathrm{D}}}\right) \right] \sqrt{f(u)M_{\mathrm{D}}}}{-2A_{\mathrm{D}} e^{x_{[2i-1]\mathrm{D}}\sqrt{u}}}$$

$$W_7 = \left[A_{\mathrm{D}} \sqrt{u} e^{x_{\mathrm{iD}}\sqrt{u}} W_5 - \sqrt{u} A_{\mathrm{D}} e^{2x_{[2\mathrm{i}-1]\mathrm{D}}\sqrt{u}} + A_{\mathrm{D}} \sqrt{u} e^{2x_{[2\mathrm{i}-1]\mathrm{D}}\sqrt{u}} W_5 \right]$$

$$\left[KI \cdot I_0\left(R_{\mathrm{vDi}}\sqrt{f(u)M_{\mathrm{D}}}\right) + K_0\left(R_{\mathrm{vDi}}\sqrt{f(u)M_{\mathrm{D}}}\right) \right]$$

$$i = 2,\ 3,\ \cdots n$$

（2）串联洞+裂缝—溶孔型复合储层模式。

$$\bar{p}_{\mathrm{wD}} = \frac{u\bar{p}_{\mathrm{FD}} + S}{u\left\{1 + \frac{1}{S}\left[u\bar{p}_{\mathrm{D}} - u\bar{p}_{\mathrm{D}}(L_{1\mathrm{D}} + R_{1\mathrm{D}}) + \left(\frac{\omega_2 R_{2\mathrm{D}}^2 u}{C_{\mathrm{FD}}}\right)\left(1 - \frac{\omega_{\mathrm{n}} R_{\mathrm{nD}}^2 u}{C_{\mathrm{FD}}}\right) u\bar{p}_{\mathrm{D}}(L_{1\mathrm{D}} + R_{1\mathrm{D}} + 2R_{2\mathrm{D}} + L_{2\mathrm{D}} + \cdots + L_{(\mathrm{n}-1)\mathrm{D}})\right] + (\omega_1 R_{1\mathrm{D}}^2 u + C_{\mathrm{D}} u)(u\bar{p}_{\mathrm{FD}} + S)\right\}} \tag{6-76}$$

其中：

$$\bar{p}_{\mathrm{D}}(r_{\mathrm{D}} = 1) = \frac{K_0\left(\sqrt{f_1(u)}\right) + K_{\mathrm{A}} I_0\left(\sqrt{f_1(u)}\right)}{u\sqrt{f_1(u)}\left[K_1\left(\sqrt{f_1(u)}\right) - K_{\mathrm{A}} I_1\left(\sqrt{f_1(u)}\right)\right]} \bar{p}_{\mathrm{D}}(L_{1\mathrm{D}} + R_{1\mathrm{D}})$$

$$= \frac{K_0\left[(L_{1\mathrm{D}} + R_{1\mathrm{D}})\sqrt{f_1(u)}\right] + K_{\mathrm{A}} I_0\left[(L_{1\mathrm{D}} + R_{1\mathrm{D}})\sqrt{f_1(u)}\right]}{u\sqrt{f_1(u)}\left[K_1\left(\sqrt{f_1(u)}\right) - K_{\mathrm{A}} I_1\left(\sqrt{f_1(u)}\right)\right]}$$

$$\bar{p}_{\mathrm{D}}(L_{1\mathrm{D}} + R_{1\mathrm{D}} + 2R_{2\mathrm{D}} + L_{2\mathrm{D}} + \cdots + L_{(\mathrm{n}-1)\mathrm{D}})$$

$$= \frac{K_0\left[(L_{1\mathrm{D}} + R_{1\mathrm{D}} + 2R_{2\mathrm{D}} + L_{2\mathrm{D}} + \cdots + L_{(\mathrm{n}-1)\mathrm{D}})\sqrt{f_1(u)}\right] + K_{\mathrm{A}} I_0\left[(L_{1\mathrm{D}} + R_{1\mathrm{D}} + 2R_{2\mathrm{D}} + L_{2\mathrm{D}} + \cdots + L_{(\mathrm{n}-1)\mathrm{D}})\sqrt{f_1(u)}\right]}{u\sqrt{f_1(u)}\left[K_1\left(\sqrt{f_1(u)}\right) - K_{\mathrm{A}} I_1\left(\sqrt{f_1(u)}\right)\right]}$$

式中，$p_{j\mathrm{D}}$为无因次储层压力；R_{D}为无因次溶洞半径；L_{D}为无因次裂缝长度；C_{D}为无因次井筒储集系数；ω_{n}为溶洞 n 的储容比；u 为 Laplace 变量；$I_0(x)$、$K_0(x)$为零阶虚宗量贝塞尔函数；$I_1(x)$、$K_1(x)$为一阶虚宗量贝塞尔函数。

得到拉普拉斯空间井底压力解之后利用数值反演方法将拉氏空间井底压力解反演到实空间，进而绘制并分析试井典型曲线。

数值反演算法：

对 Laplace 空间的井底压力解进行数值反演得到实空间的井底压力 p_{wD}，本研究采用 Stehfest 数值反演算法：

$$p_{\mathrm{wD}}(t_{\mathrm{D}}) = \frac{\ln 2}{t_{\mathrm{D}}/C_{\mathrm{D}}} \sum_{i=1}^{N} V_i \bar{p}_{\mathrm{wD}}(Z_i) \tag{6-77}$$

$$Z_i = \frac{\ln 2}{t_{\mathrm{D}}/C_{\mathrm{D}}} i \tag{6-78}$$

式中，Z 为 Laplace 因子；i 为整数变量。

Stehfest 算法本身有着比较复杂的数学背景。它形式上如一个经验公式，实质上是理论推导的结果。原则上说算法中反演公式项数 N 取值越大，计算结果就越准确，但是在实际应用中由于舍入误差的影响，N 的取值是有选择的，N 值一般取 6~18 之间的偶整数。V_i是常数，取决于 N 值，可用下面方程确定：

$$V_i = (-1)^{\frac{N}{2}+i} \sum_{K=\frac{i+1}{2}}^{\min(\frac{N}{2},\ i)} \frac{K^{\frac{N}{2}}(2K)!}{\left(\frac{N}{2}-K\right)!\ K!\ (K-1)!\ (i-K)!\ (2K-i)!} \tag{6-79}$$

当给定一个 i 值与 t_D/C_D值时，可根据式(6-77)和式(6-78)计算出相应 $\bar{p}_{wD}(Z_i)$ 所对应的 $p_{wD}(t_D/C_D)$。在计算中最重要的确定最佳的 N 值，判断最佳 N 值的方法是把计算结果与已知函数相比较，或者看计算后所得曲线是否比较光滑，如果曲线上的点跳动较大，就应该更换 N 值，重新进行计算。

6.3 井钻遇溶洞型非连续介质试井典型曲线

6.3.1 井钻遇溶洞型试井典型曲线特征分析

根据已经求解数学模型得到的拉式空间井底压力解，利用 Stehfest 数值反演算法得到实空间井底压力 p_{wD}，绘制井钻遇大尺度溶洞的不同缝洞模式对应的试井典型曲线(圆形定压边界、圆形封闭边界、无限大边界)。根据绘制的试井双对数典型曲线，分析不同缝洞模式的试井典型曲线形态特征，弄清楚不同试井典型曲线对应的缝洞模式特征，并对试井典型曲线各个流动阶段进行划分，分析不同流动阶段的流体渗流特征，进而分析缝洞型碳酸盐岩油藏中不同缝洞模式的流体渗流特征。

1）溶孔型储层模式试井典型曲线

溶洞+溶孔型储层模式的试井典型曲线如图 6-13 所示。多洞+溶孔型储层试井典型曲线如图 6-14 所示。

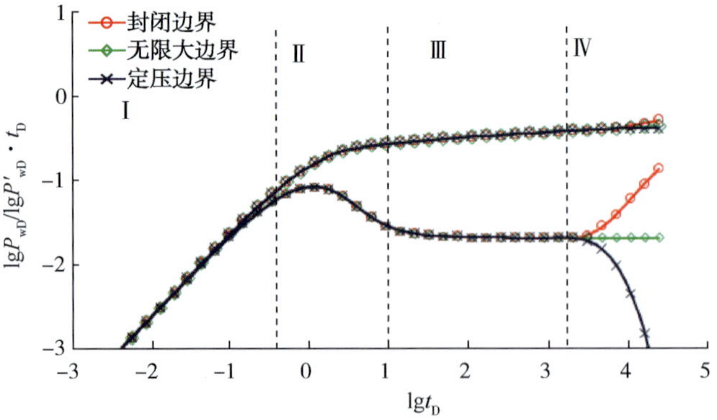

图 6-13　溶洞+溶孔型储层模式试井典型曲线

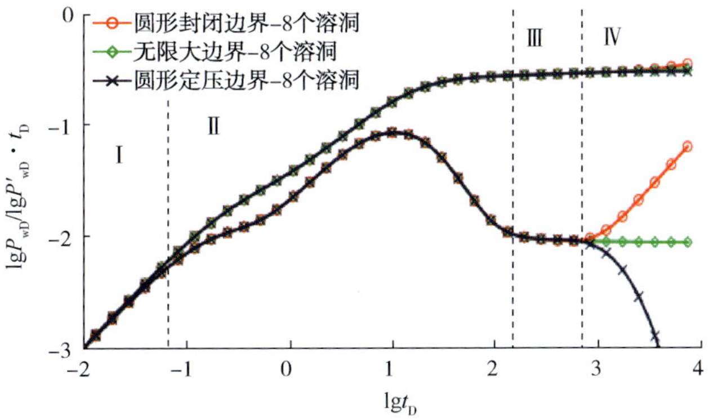

图 6-14　多洞+溶孔型储层试井典型曲线

根据试井曲线形态征可划分流动阶段：

第Ⅰ阶段：纯井储和钻遇溶洞效应阶段。这个阶段主要受到无因次井筒储集系数及钻遇溶洞半径的影响；无因次压力和压力导数曲线在纯井筒储集阶段会出现斜率为 1 的直线，由于井钻遇溶洞的存在，相当于在一定程度上增加了井筒储集系数；随着时间的推移，双对数曲线在早期会越来越偏移早期直线，受表皮系数的影响会出现一个驼峰。

第Ⅱ阶段：过渡阶段。在这个阶段开始时，随着流体的不断采出，储层压力下降，随着时间的推移，压力波传播到溶洞边界；无因次压力及压力导数曲线会出现向上倾斜的直线；在双对数图上，压力和压力导数曲线变得越来越接近，表明压力波传播到溶洞边界，当有多个溶洞时，直到最大半径的溶洞窜流完成，包括部分井筒储集效应，多溶洞效应及表皮效应。之后就是储层径向流阶段，压力及压力导数曲线会出现跟第一个图一样的一个水平段，一般的称为“0.5 线”；若边界距离较小的，很快就会发生边界反映。

第Ⅲ阶段：储层径向流阶段。压力及压力导数曲线上会出现水平的“0.5 线”。

第Ⅳ阶段：边界反映阶段。后期是受到边界影响的情况，对于封闭边界，压力及压力导数曲线会上翘，无限大边界的后期是一条水平线，出现下掉现象的是定压边界，在后面的曲线中将不再一一解释边界对试井典型曲线的影响情况。

2）裂缝—溶孔型储层模式试井典型曲线

溶洞+裂缝—溶孔型储层模式试井典型曲线如图 6-15 所示。三洞+裂缝—溶孔型储层模式试井典型曲线如图 6-16 所示。多洞+裂缝—溶孔型储层模式试井典型曲线如图 6-17 所示。溶洞+裂缝+裂缝—溶孔型储层模式试井典型曲线如图 6-18所示。多洞+裂缝+裂缝—溶孔型储层模式试井典型曲线如图 6-19 所示。

根据试井曲线形态征可分划分流动阶段：

第Ⅰ阶段：纯井储和钻遇溶洞储集效应影响阶段。这个阶段主要受到无因次井筒储集系数及溶洞半径的影响；无因次压力和压力导数曲线在纯井筒储集阶段会出现斜率为 1 的直线，随着时间的推移，双对数曲线在早期会越来越偏移斜率为 1 的直线，受表皮系数的影响会出现一个驼峰。

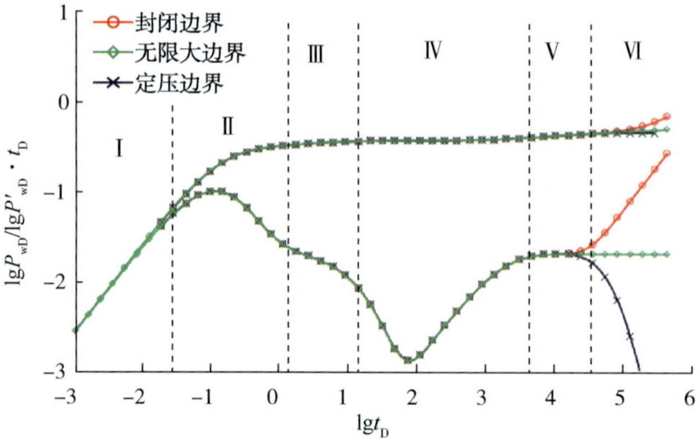

图 6-15　溶洞+裂缝—溶孔型储层模式试井典型曲线

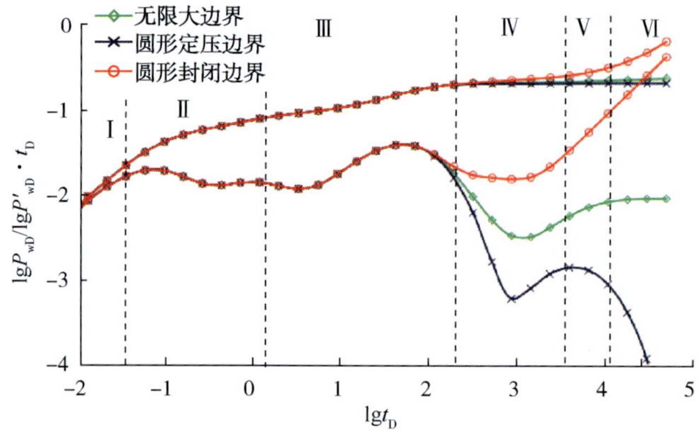

图 6-16　三溶洞+裂缝—溶孔型储层模式试井典型曲线

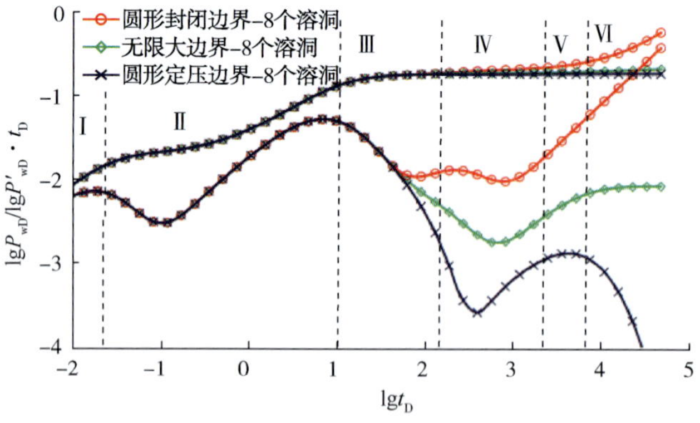

图 6-17　多洞+裂缝—溶孔型储层模式试井典型曲线

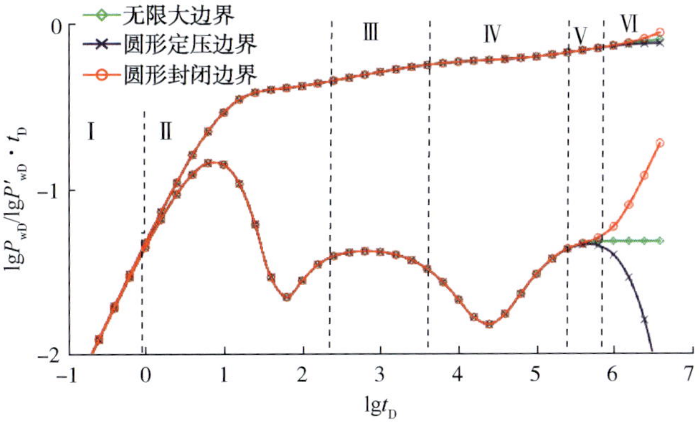

图 6-18　溶洞+裂缝+裂缝—溶孔型储层模式试井典型曲线

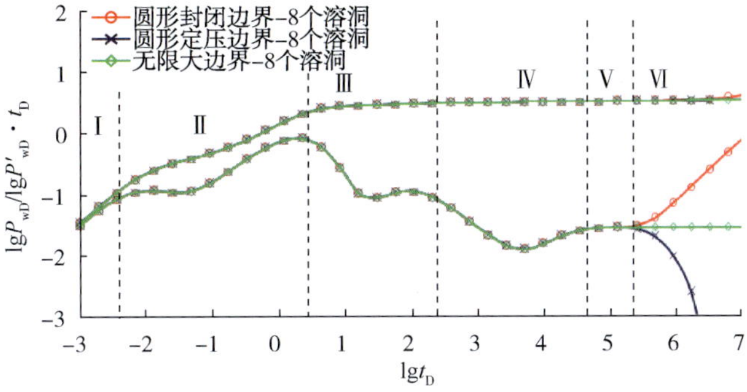

图 6-19　多洞+裂缝+裂缝—溶孔型储层模式试井典型曲线

第Ⅱ阶段：过渡流阶段。此阶段包括部分井筒储集效应，多溶洞效应及表皮效应。存在大裂缝时，发生裂缝线性流，压力及压力导数曲线是两条相互平行上升的直线。若井周围存在多个溶洞，则在第二阶段中就会出现多个凹子，表示不同溶洞向井钻遇的溶洞的窜流。压力导数曲线会出现向上倾斜的直线；在双对数图上，压力和压力导数曲线变得越来越接近，表明压力波传播到最大的溶洞边界，即将要传播到双孔介质储层中。当储层中存在由裂缝连接的多个溶洞时，溶洞向裂缝的窜流也会在这个阶段发生。

第Ⅲ阶段：裂缝径向流阶段。储层中微裂缝中的流体向大裂缝和溶洞开始供液，出现裂缝径向流。

第Ⅳ阶段：溶孔中流体向裂缝的窜流阶段。在这个阶段开始时，随着流体的不断采出，储层压力下降，随着时间的推移，压力波传播到溶洞边界；无因次压力导数曲线上出现一个凹子，凹子的深浅、位置与裂缝储容比、窜流系数有关；双孔介质储层模式的试井典型曲线在这个阶段一般会出现一个台阶。

第Ⅴ阶段：储层径向流阶段。随着时间的推移，达到整个储层系统的径向流动阶段。

第Ⅵ阶段：边界反映阶段。

3）溶孔型复合储层模式试井典型曲线

溶洞+溶孔型复合储层试井典型曲线如图 6-20 所示。多洞+溶孔型复合储层试井典型曲线如图 6-21 所示。

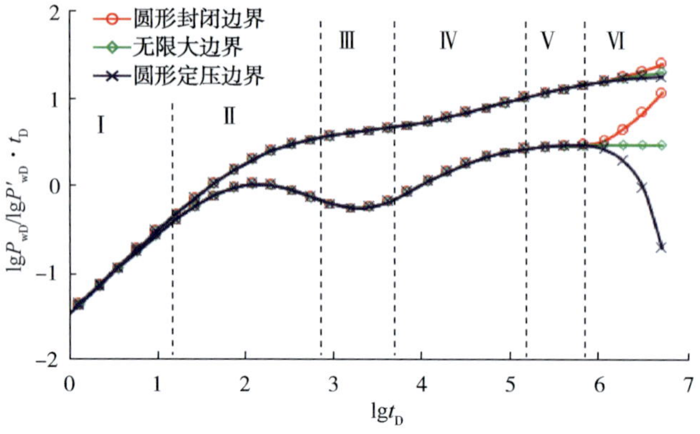

图 6-20　溶洞+溶孔型复合储层试井典型曲线

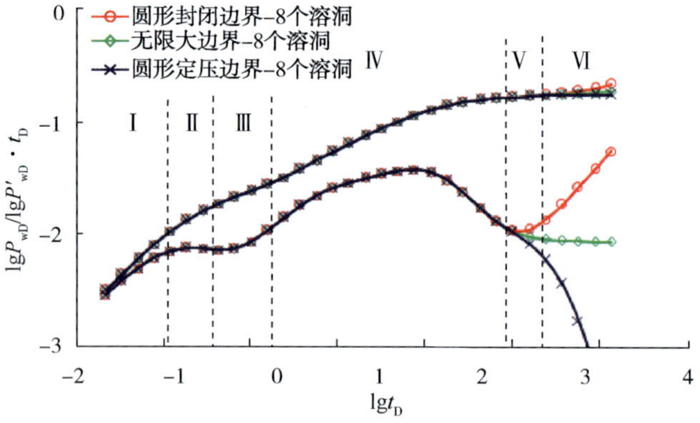

图 6-21　多洞+溶孔型复合储层试井典型曲线

根据试井曲线形态征可划分流动阶段：

第Ⅰ阶段：纯井储和钻遇溶洞效应阶段。这个阶段主要受到无因次井筒储集系数及钻遇溶洞半径的影响；无因次压力和压力导数曲线在纯井筒储集阶段会出现斜率为 1 的直线，由于井钻遇溶洞的存在，相当于在一定程度上增加了井筒储集系数；随着时间的推移，双对数曲线在早期会越来越偏移早期直线，受表皮系数的影响会出现一个驼峰。

第Ⅱ阶段：过渡阶段。此阶段包括部分井筒储集效应，多溶洞效应及表皮效应。若井周围存在多个溶洞，则在第二阶段中就会出现多个凹子，表示不同溶洞向井钻遇的溶洞的窜流。压力导数曲线会出现向上倾斜的直线；在双对数图上，压力和压力导数曲线变得越来越接近，表明压力波传播到最大的溶洞边界，即将要传播到双孔介质储层中。当储层中存在由裂缝连接的多个溶洞时，溶洞向裂缝的窜流也会在这个阶段发生。

第Ⅲ阶段：内区径向流阶段。这个阶段反映的是整个内区储层的径向流动阶段，若钻遇多个溶洞时候，这个阶段会被掩盖，很快就会发生压力及压力导数曲线相互趋近且上翘的趋势。

第Ⅳ阶段：过渡阶段。

第Ⅴ阶段：外区径向流阶段。当外区的储层性质变好时，这个阶段的曲线会出现一个上升的台阶；反之，当内区的储层性质变差时，后期出现一个下降的台阶。主要受到两区流度比的影响。

第Ⅵ阶段：边界反映阶段。

4）裂缝—溶孔型复合储层模式试井典型曲线

溶洞+裂缝—溶孔型复合储层模式试井典型曲线如图6-22所示。多洞+裂缝+裂缝—溶孔型复合储层模式试井典型曲线如图6-23所示。多洞+裂缝—溶孔型复合储层模式试井典型曲线如图6-24所示。

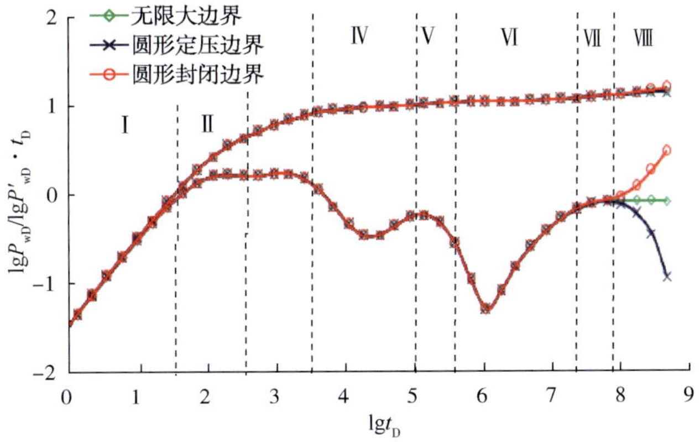

图6-22　溶洞+裂缝—溶孔型复合储层模式试井典型曲线

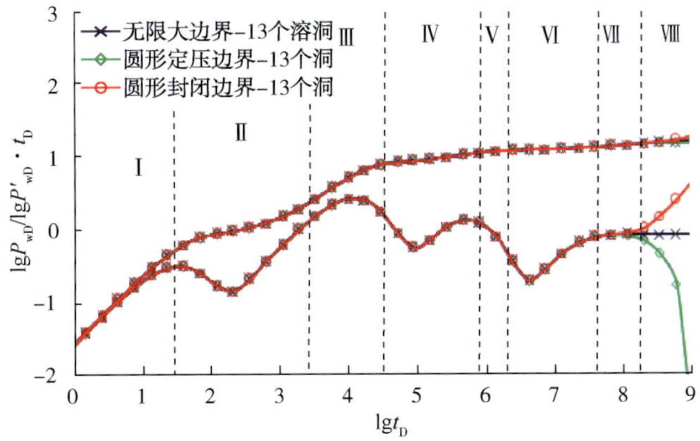

图6-23　多洞+裂缝+裂缝—溶孔型复合储层模式试井典型曲线

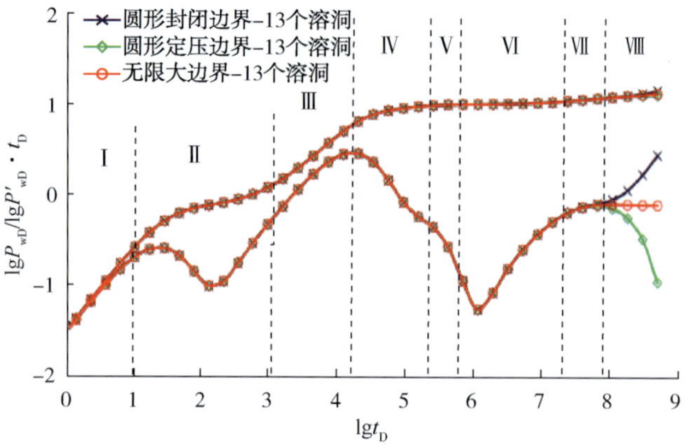

图 6-24　多洞+裂缝—溶孔型复合储层模式试井典型曲线

根据试井曲线形态征可划分流动阶段：

第Ⅰ阶段：纯井储和钻遇溶洞效应阶段。这个阶段主要受到无因次井筒储集系数及溶洞半径的影响；无因次压力和压力导数曲线在纯井筒储集阶段会出现斜率为1的直线，随着时间的推移，双对数曲线在早期会越来越偏移斜率为1的直线，受表皮系数的影响会出现一个驼峰。

第Ⅱ阶段：过渡阶段。此阶段包括部分井筒储集效应，多溶洞效应及表皮效应。存在大裂缝时，发生裂缝线性流，压力及压力导数曲线是两条相互平行上升的直线。若井周围存在多个溶洞，则在第二阶段中就会出现多个凹子，表示不同溶洞向井钻遇的溶洞的窜流。压力导数曲线会出现向上倾斜的直线；在双对数图上，压力和压力导数曲线变得越来越接近，表明压力波传播到最大的溶洞边界，即将要传播到双孔介质储层中。当储层中存在由裂缝连接的多个溶洞时，溶洞向裂缝的窜流也会在这个阶段发生。

第Ⅲ阶段：内区裂缝径向流动阶段。若存在多洞或者裂缝连接的溶洞时，随着流体的不断采出，储层压力下降，随着时间的推移，压力波传播到溶洞边界；压力及压力导数曲线会越来越接近。

第Ⅳ阶段：1区流体向裂缝的窜流阶段。压力导数曲线上出现一个凹子，凹子的深浅与1区储能比有关，凹子的位置受到1区窜流系数的影响。

第Ⅴ阶段：过渡阶段。主要受到两区储能比的影响。

第Ⅵ阶段：2区流体向裂缝的窜流阶段。压力导数曲线上出现一个凹子，凹子的深浅与2区储能比有关，凹子的位置受到2区窜流系数的影响。

第Ⅶ阶段：系统总的径向流阶段。随着时间的推移，流体流动达到整个系统总的径向流阶段。

第Ⅷ阶段：边界反映阶段。

5）串联洞模式试井典型曲线

串联洞+裂缝—溶孔型储层模式试井典型曲线如图 6-25 所示。串联洞+裂缝—

溶孔型复合储层模式如图 6-26 所示。

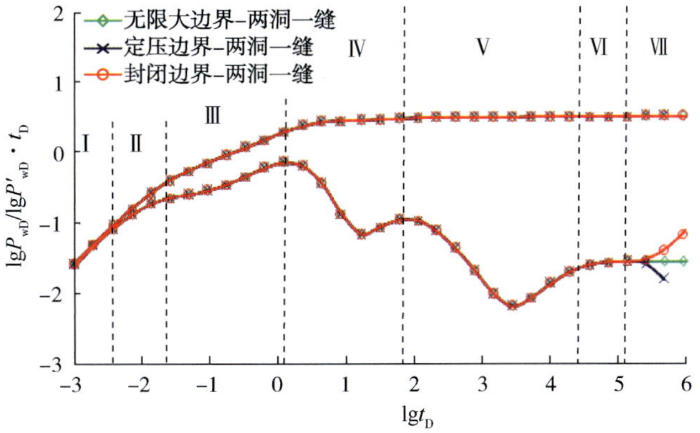

图 6-25　串联洞+裂缝—溶孔型储层模式试井典型曲线

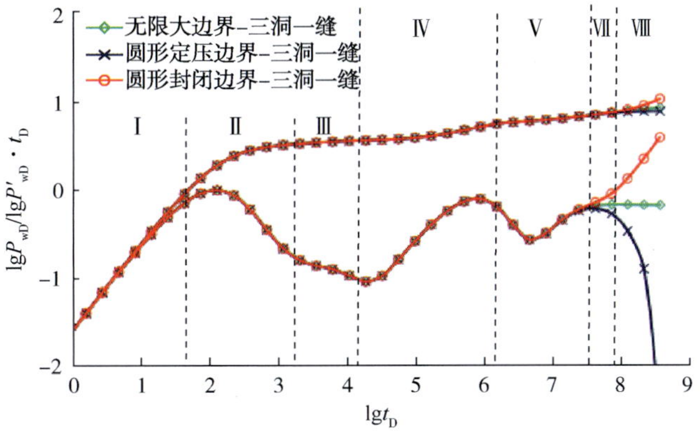

图 6-26　串联洞+裂缝—溶孔型复合储层模式试井典型曲线

根据试井曲线形态征可分划分流动阶段：

第Ⅰ阶段：纯井储和钻遇溶洞效应阶段。这个阶段主要受到无因次井筒储集系数及溶洞半径的影响；无因次压力和压力导数曲线在纯井筒储集阶段会出现斜率为 1 的直线，随着时间的推移，双对数曲线在早期会越来越偏移斜率为 1 的直线，受表皮系数的影响会出现一个驼峰。

第Ⅱ阶段：过渡阶段。此阶段包括部分井筒储集效应，多溶洞效应及表皮效应。若井周围存在多个溶洞，则在第二阶段中就会出现多个凹子，表示不同溶洞向井钻遇的溶洞的窜流。压力导数曲线会出现向上倾斜的直线；在双对数图上，压力和压力导数曲线变得越来越接近，表明压力波传播到最大的溶洞边界，即将要传播到双孔介质储层中。当储层中存在由裂缝连接的多个溶洞时，溶洞向裂缝的窜流也会在这个阶段发生。

第Ⅲ阶段：大裂缝线性流阶段。存在大裂缝时，发生裂缝线性流，压力及压力导数曲线是两条相互平行上升的直线。

第Ⅳ阶段：裂缝径向流阶段。若井周围存在多个溶洞，则在第二阶段中就会出现多个凹子，表示不同溶洞向井钻遇的溶洞的窜流。压力导数曲线会出现向上倾斜的直线；在双对数图上，压力和压力导数曲线变得越来越接近，表明压力波传播到最大的溶洞边界，即将要传播到双孔介质储层中。当储层中存在由裂缝连接的多个溶洞时，溶洞向裂缝的窜流也会在这个阶段发生。

第Ⅴ阶段：溶孔中流体向裂缝的窜流阶段。在这个阶段开始时，随着流体的不断采出，储层压力下降，随着时间的推移，压力波传播到溶洞边界；无因次压力导数曲线上出现一个凹子，凹子的深浅、位置与裂缝储容比、窜流系数有关；双孔介质储层模式的试井典型曲线在这个阶段一般会出现一个台阶。

第Ⅵ阶段：系统总的径向流阶段。是整个储层系统总的径向流阶段。

第Ⅶ阶段：边界反映阶段。

6.3.2　井钻遇溶洞型试井典型曲线敏感性分析

对井钻遇大尺度溶洞的试井典型曲线进行敏感性分析，说明溶洞体积、溶洞储容比、窜流系数、井筒储集系数、表皮系数、裂缝导流能力、内外区参数等参数对试井典型曲线形态的影响。

1）表皮系数对试井典型曲线的影响

表皮系数对试井典型曲线的影响如图 6-27 所示。

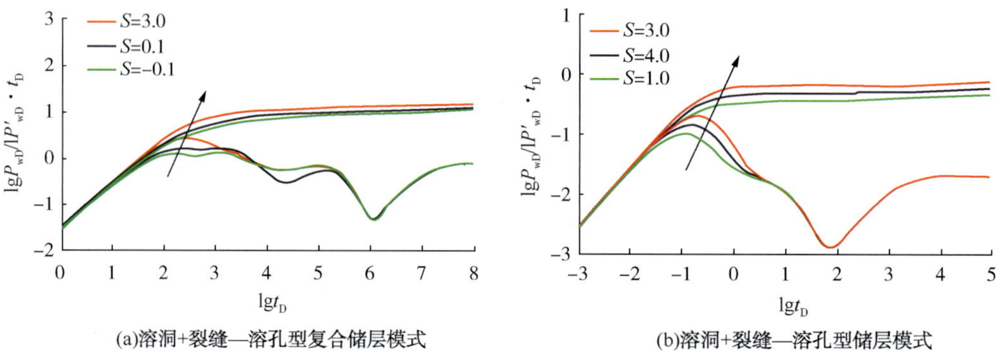

图 6-27　表皮系数对试井典型曲线的影响

从图中可以看出，表皮系数 S 的大小影响试井典型曲线的驼峰：随着表皮系数的增大，井底压力导数曲线中驼峰的位置越高，驼峰的形状就越陡，对应的压力曲线的位置越高，这是因为表皮系数越大，表明井底周围的流体流动阻力越大，流体流动需要消耗的压力越高造成的。

2）井筒储集系数、溶洞体积（半径）、溶洞储容比对试井典型曲线的影响

井筒储集系数及溶洞体积（半径）对试井典型曲线的影响如图 6-28 所示。

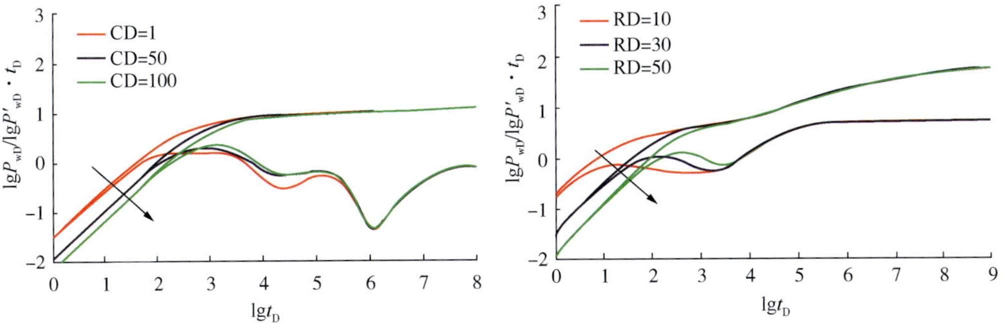

(a)溶洞+裂缝—溶孔型复合储层模式　　(b)溶洞+溶孔型复合储层模式

图 6-28　井筒储集系数、溶洞半径对试井典型曲线的影响

上图给出的是井筒储集系数和溶洞体积（半径）对试井典型曲线的影响，从图中可以看出，无因次溶洞半径主要影响试井典型曲线的前部分：随着无因次溶洞半径的增大，井筒储集阶段越长，早期曲线的斜率越大，说明对于井钻遇溶洞时，溶洞半径越大就相当于增加了井筒储集系数，溶洞反映越明显。储容储集系数、溶洞半径和溶洞储容比对试井典型曲线的影响趋势是一样的。

3）裂缝长度、裂缝导流能力、裂缝储容比对试井典型曲线的影响

裂缝导流能力及裂缝长度对试井典型曲线的影响如图 6-29 所示。

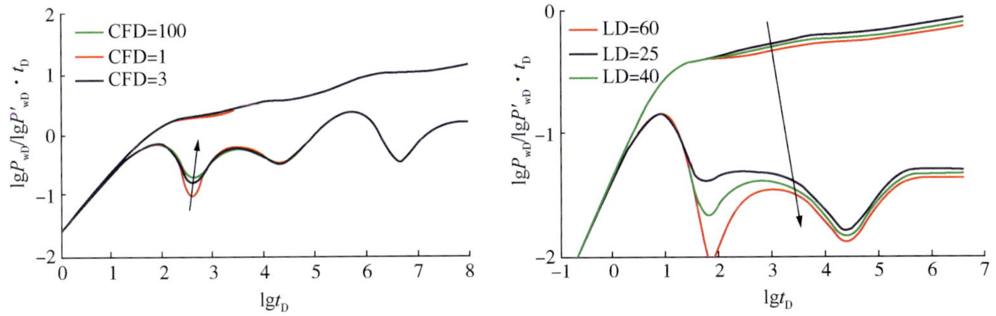

(a)溶洞+裂缝+溶洞+裂缝—溶孔型复合储层模式　　(b)溶洞+裂缝+溶洞+裂缝—溶孔型储层模式

图 6-29　裂缝导流能力、裂缝长度对试井典型曲线的影响

裂缝的长度及裂缝导流能力的大小影响着裂缝中流体流动能力的大小。裂缝导流能力越大，说明流体的流动能力越好。从图中可以看出，随着裂缝导流能力裂缝导流能力的减小或裂缝长度的增大，无因次压力和压力导数曲线越下移，其位置越靠下，说明裂缝中的流体越容易流动，需要消耗的压差越小。

1 区裂缝储容比和 2 区裂缝储容比对试井典型曲线的影响如图 6-30 所示。

裂缝储容比的大小影响着压力导数曲线上凹子的深浅。从图中可以看出，1 区裂缝储容比越大，压力导数曲线上第二个凹子就越浅；随着 2 区裂缝储容比的增大，压力导数曲线上第三个凹子就越浅。说明储层中流体的流动能力就越好，就容易发生窜流。

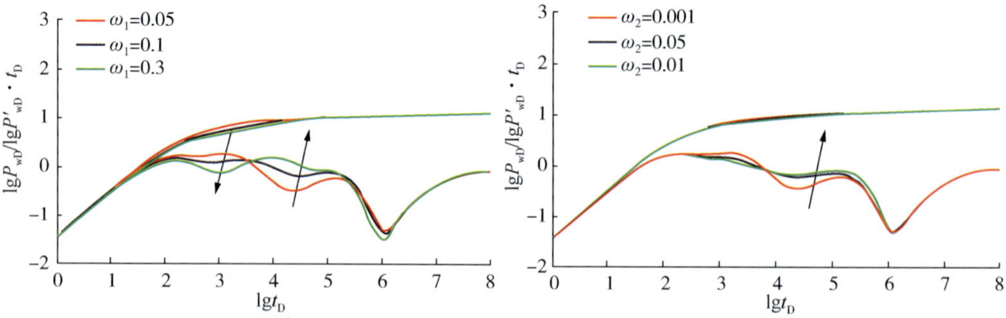

(a)1区　　(b)2区

图 6-30　裂缝储容比对试井典型曲线的影响

溶洞+裂缝—溶孔型复合储层模式

4）两区流度比对试井典型曲线的影响

复合油藏的两区流度比对试井典型曲线的影响如图 6-31 所示。

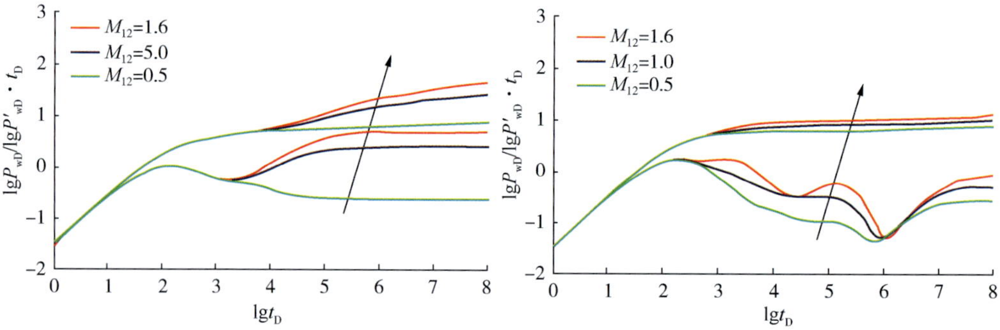

(a)溶洞+溶孔型复合储层模式　　(b)溶洞+裂缝—溶孔型复合储层模式

图 6-31　两区流度比对试井典型曲线的影响

复合油藏的流度比主要影响试井典型曲线的后期阶段，从图中可以看出，当两区流度比大于 1 时，说明 1 区储层性质要比二区储层性质好，外区变差，所以曲线会上翘；当两区流度比小于 1 时，外区性质比内区性质好，外区性质变好，曲线会出现下降的现象。

5）两区储能比对试井典型曲线的影响

复合油藏的两区储能比对试井典型曲线的影响如图 6-32 所示。

复合油藏的储能主要影响试井典型曲线的中期阶段，从图中可以看出，当两区储能比大于 1 时，说明 1 区储层性质要比二区储层性质好，外区变差，压力及压力导数曲线会上升；当两区储能比小于 1 时，外区性质比内区性质好，外区性质变好，压力及压力导数曲线会出现下移的现象。

6）边界对试井典型曲线的影响

1 区边界和 2 区边界对试井典型曲线的影响如图 6-33 所示。

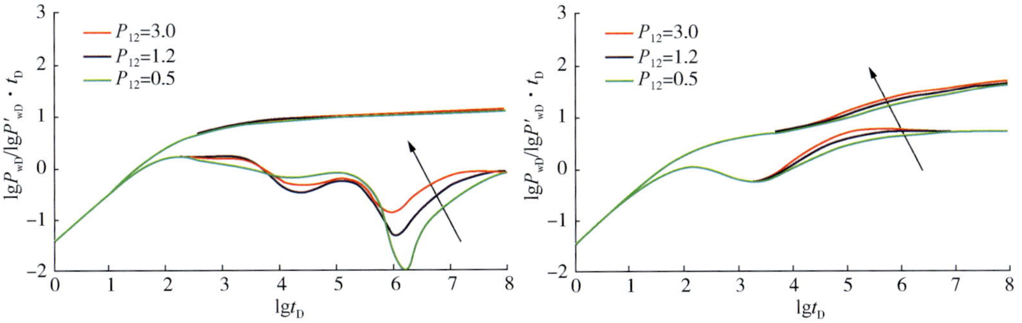

(a)溶洞+裂缝—溶孔型复合储层模式　　(b)溶洞+溶孔型复合储层模式

图 6-32　两区储能比对试井典型曲线的影响

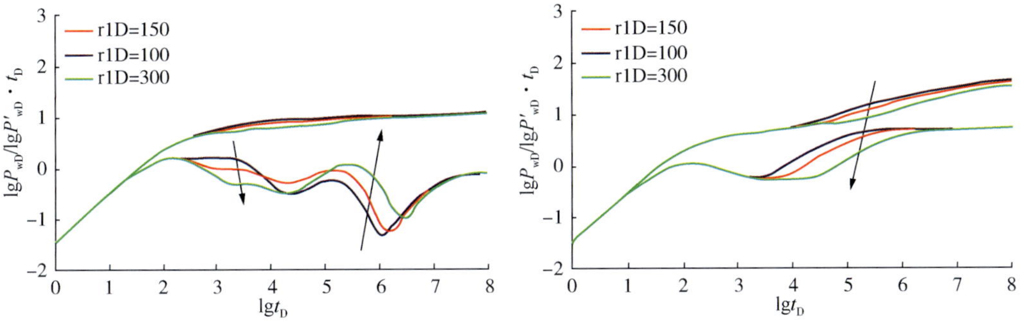

(a)溶洞+裂缝—溶孔型复合储层模式　　(b)溶洞+溶孔型复合储层模式

图 6-33　边界对试井典型曲线的影响

试井典型曲线的敏感性分析部分均以无限大边界为例进行说明，对于不同边界类型对试井典型曲线的影响不再重复说明。复合油藏内区半径的大小主要影响压力及压力导数曲线的中期阶段，内区半径越大，说明内区的能量越充足，就会使得内区径向流持续时间越长，两区流体窜流现象发生的时间就越晚。

7）溶洞个数对试井典型曲线的影响

溶洞个数对试井典型曲线的影响如图 6-34 所示。

从图中可以看出，溶洞个数的多少对试井典型曲线的影响较大。但是总体说来，就是当井底周围的溶洞个数越多的时候，压力及压力导数曲线就在前期就会越靠下方，这与井筒储集系数的变化趋势是相同的，但是因为各个溶洞的半径及储容比不同，所以各个溶洞向井钻遇的那个溶洞的窜流时间就不同，要想出现储层反映的情况，就要使得周围最大的溶洞向钻遇溶洞的窜流完成。

8）裂缝个数、串联洞个数对试井典型曲线的影响

裂缝个数、串联洞个数对试井典型曲线的影响如图 6-35 所示。

从图中可以看出，裂缝个数、串联洞个数对试井典型曲线的影响主要在中期阶段，当串联洞中的溶洞及裂缝个数增多时，裂缝中流体流动时间就越长。

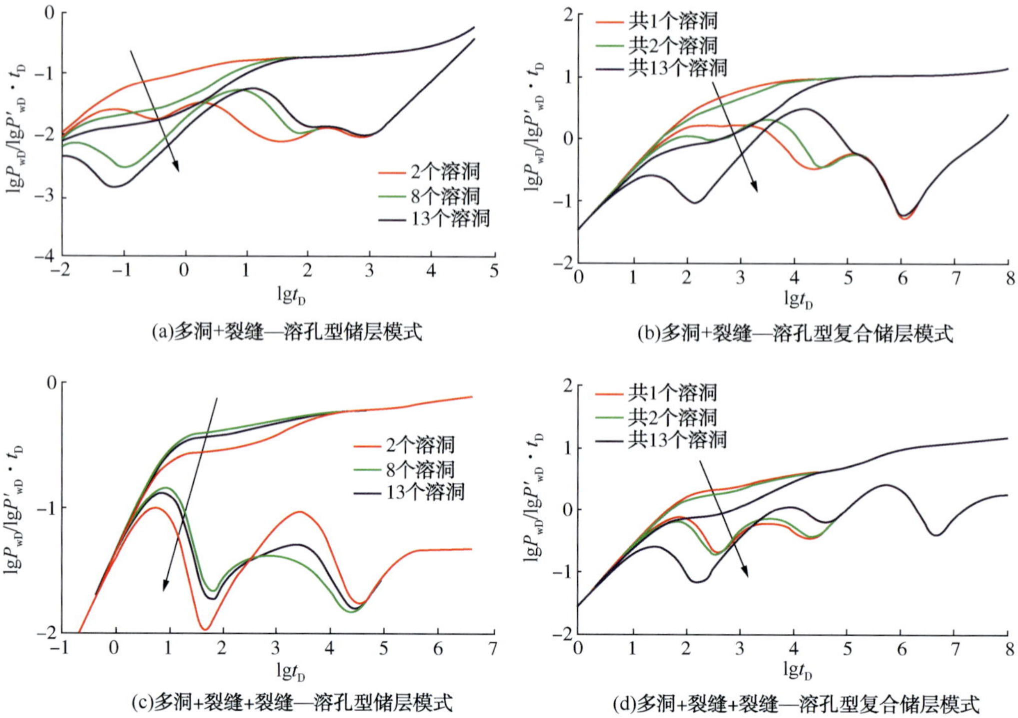

(a)多洞+裂缝—溶孔型储层模式　(b)多洞+裂缝—溶孔型复合储层模式

(c)多洞+裂缝+裂缝—溶孔型储层模式　(d)多洞+裂缝+裂缝—溶孔型复合储层模式

图 6-34　溶洞个数对试井典型曲线的影响

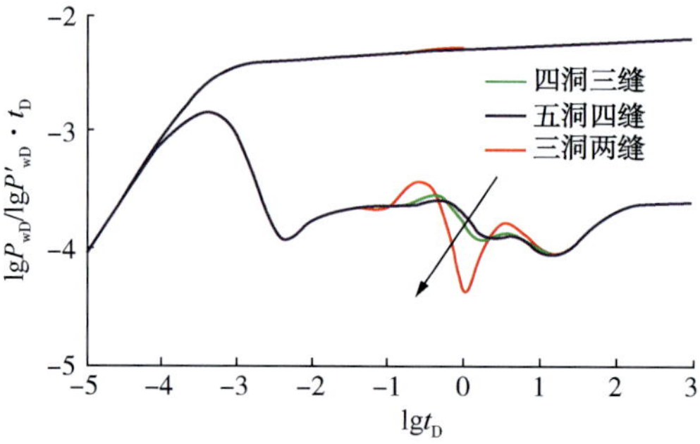

图 6-35　裂缝个数、串联洞个数对试井典型曲线的影响

6.4　小结

（1）建立并求解了井钻遇溶洞型中基于溶孔型储层的单洞和多洞缝洞模式；基于裂缝—溶孔型储层的单洞、多洞及多洞+裂缝的缝洞模式；基于溶孔型复合储层的单洞及多洞的缝洞模式；基于裂缝—溶孔型复合储层的单洞、多洞及多洞+裂缝的缝洞模式；基于串联洞缝洞模式的裂缝—溶孔型储层和裂缝—溶孔型复合储层模式试井数学模型。

（2）绘制了井钻遇溶洞型非连续介质试井典型曲线，划分了流动阶段，并对各流动阶段的渗流特点进行了分析。井钻遇溶洞储容比及溶洞体积（半径）大小同井筒储集一样，主要反映在试井典型曲线的早期阶段。

（3）分析了不同模式的试井典型曲线敏感性。井钻遇溶洞的体积（半径）越大，早期井筒储集阶段的直线段较长，井筒储集的时间就越长；未钻遇的溶洞主要影响试井典型曲线的后期，溶洞体积（半径）越大，后期凹子就越深，拟稳定流持续的时间就越长，直线段越长，说明后期储层的能量也越大。

7 井未钻遇溶洞型非连续介质试井数学模型和典型曲线

本章针对塔河油田碳酸岩储层的缝洞性特点，从地质特点上出发，提出缝洞描述方法；将缝洞简化成非连续介质，建立缝洞型油藏井未钻遇溶洞型非连续介质流体渗流物理模型和数学模型；研究渗流模型的求解方法；分析影响缝洞性储层试井典型曲线的因素；从而得出缝洞性储层试井典型曲线分析方法。

7.1 理想缝洞模式的建立

本次研究将建立的井未钻遇溶洞型非连续介质典型缝洞模式根据储层特征共分为五大类，下面给出井未钻遇溶洞型典型缝洞模式的物理模型示意图(以圆形边界为例)。

(a)溶洞+溶孔型储层模式　(b)多洞+溶孔型储层模式　(c)多洞+裂缝+溶孔型储层模式

图 7-1　溶孔型储层类

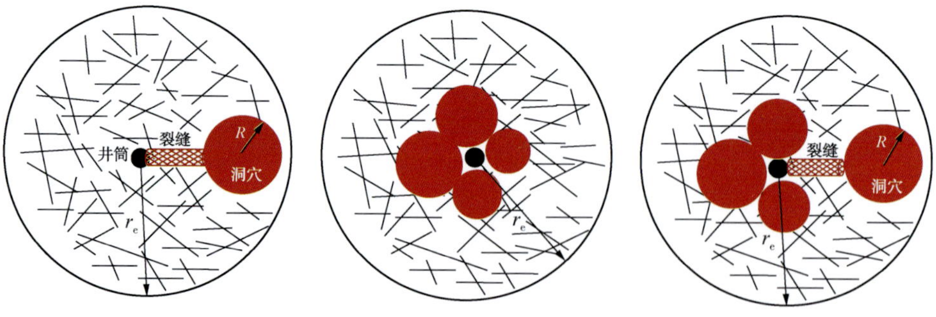

(a)溶洞+裂缝—溶孔型储层模式　(b)多洞+裂缝—溶孔型储层模式　(c)多洞+裂缝+裂缝—溶孔型储层模式

图 7-2　裂缝—溶孔型储层类

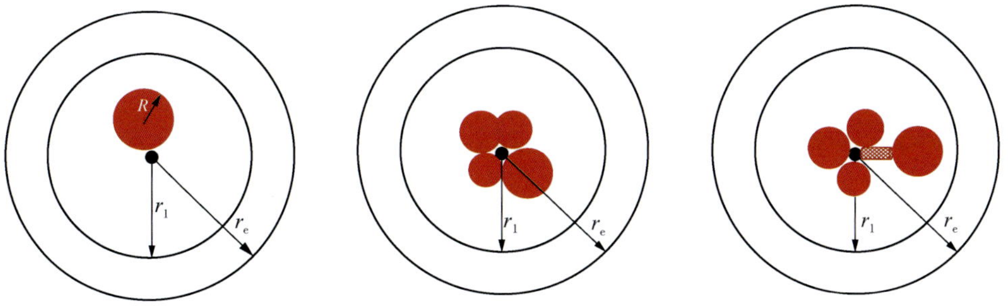

(a)溶洞+溶孔型复合储层模式　(b)多洞+溶孔型复合储层模式　(c)多洞+裂缝+溶孔型复合储层模式

图 7-3　溶孔型复合储层类

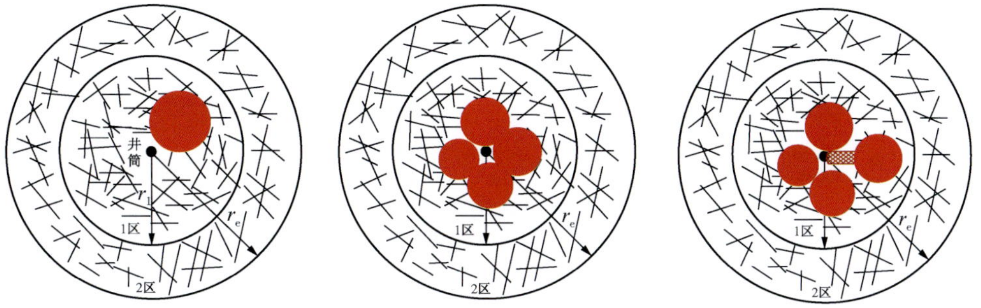

(a)溶洞+裂缝—溶孔型复合储层　(b)多洞+裂缝—溶孔型复合储层　(c)多洞+裂缝+裂缝—溶孔型储层

图 7-4　裂缝—溶孔型复合储层类

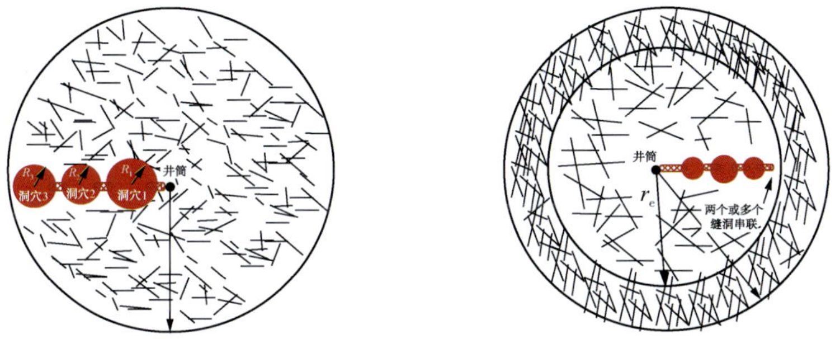

(a)串联洞+裂缝—溶孔型储层模式　(b)串联洞+裂缝—溶孔型复合储层模式

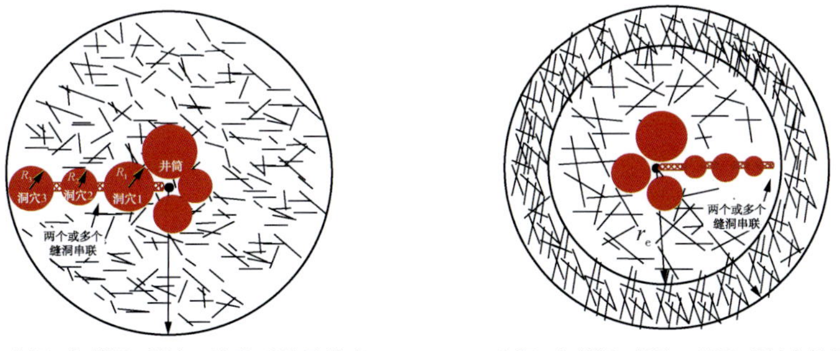

(c)多洞+串联洞+裂缝—溶孔型储层模式　(d)多洞+串联洞+裂缝—溶孔型复合储层模式

图 7-5　多洞多缝储层类

下面将对应井钻遇溶洞型的试井数学模型给出井未钻遇溶洞型的试井数学模型的解，数学模型建立过程参考井钻遇溶洞型的模型建立过程。

7.2　井未钻遇溶洞型非连续介质试井数学模型

7.2.1　溶孔型储层模式试井数学模型

1）渗流物理模型建立

考虑井筒储集和表皮效应的井未钻遇溶洞型非连续介质溶孔型储层缝洞模式物理模型如图 7-6 所示。周围是均匀分布的溶孔或者微裂缝。

(a)溶洞+溶孔型储层模式　(b)多洞+溶孔型储层模式　(c)多洞+裂缝+溶孔型储层模式

图 7-6　溶孔型储层类

假设条件：①单相微可压缩流体；②圆形储层各向同性，水平等厚，周围为溶孔或微裂缝均匀分布介质；③忽略重力和毛管力的影响，考虑井筒储集和表皮效应的影响；④渗流过程中为等温，无任何特殊的物理和化学现象发生；⑤油井以定产量 q 生产；⑥在油藏开始开采之前，储层中任一位置处的压力为原始储层压力 p_i。

2）试井数学模型求解

井未钻遇溶洞型的溶孔型储层模式试井数学模型的解：

$$\bar{p}_{wD}=\frac{u\bar{p}_D+S}{u[1+(C_Du)(u\bar{p}_D+S)]}\text{（单洞）}\tag{7-1}$$

$$\bar{p}_{wD}=\frac{u\bar{p}_D+S}{u\left\{1+\left[C_Du+\sum_{i=1}^{n-1}\lambda_i\left(1-\frac{\lambda_i}{\lambda_i+\omega_iR_{iD}^2u}\right)\right](u\bar{p}_D+S)\right\}}\text{（多洞）}\tag{7-2}$$

（1）圆形封闭边界：

$$\bar{p}_D=\frac{K_1(r_{eD}\sqrt{f(u)})I_0(\sqrt{f(u)})+K_0(\sqrt{f(u)})I_1(r_{eD}\sqrt{f(u)})}{u\sqrt{f(u)}[I_1(r_{eD}\sqrt{f(u)})K_1(\sqrt{f(u)})-K_1(r_{eD}\sqrt{f(u)})I_1(\sqrt{f(u)})]}\tag{7-3}$$

(2) 圆形定压边界：

$$\bar{p}_D=\frac{K_0(\sqrt{f(u)})I_0(r_{eD}\sqrt{f(u)})-K_0(r_{eD}\sqrt{f(u)})I_0(\sqrt{f(u)})}{u\sqrt{f(u)}[I_0(r_{eD}\sqrt{f(u)})K_1(\sqrt{f(u)})+K_0(r_{eD}\sqrt{f(u)})I_1(\sqrt{f(u)})]} \tag{7-4}$$

(3) 无限大边界：

$$\bar{p}_D=\frac{K_0(\sqrt{f(u)})}{u\sqrt{f(u)}K_1(\sqrt{f(u)})} \tag{7-5}$$

其中： $$f(u)=u$$

式中，$I_0(x)$、$K_0(x)$为零阶虚宗量贝塞尔函数；$I_1(x)$、$K_1(x)$为一阶虚宗量贝塞尔函数；u 为 Laplace 变量。

7.2.2 裂缝—溶孔型储层模式试井数学模型

1) 渗流物理模型建立

圆形储层中，考虑井筒储集和表皮效应的井未钻遇溶洞型非连续介质缝洞模式渗流物理模型如图 7-7 所示。周围为由溶孔和裂缝组成的双重介质储层。

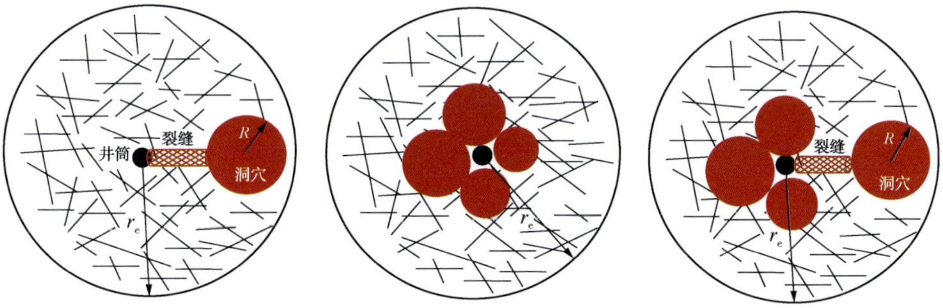

(a)溶洞+双孔储层模式　(b)多洞+双孔储层模式　(c)多洞+裂缝+双孔储层模式

图 7-7　双孔介质储层类

假设条件：①单相微可压缩流体；②圆形储层各向同性，水平等厚，周围为裂缝—溶孔型储层；③忽略重力和毛管力的影响，考虑井筒储集和表皮效应的影响；④介质中流体的渗流为达西渗流，渗流过程中为等温，无任何特殊的物理和化学现象发生；⑤油井以定产量 q 生产；⑥在油藏开始开采之前，储层中任一位置处的压力为原始储层压力 p_i。

2) 试井数学模型求解

给出多洞+裂缝模式对应的试井数学模型的解：

(1) 圆形封闭边界：

$$\bar{p}_D=S\frac{d_1aI_0((L_D+R_{1D})\sqrt{f(u)})+aK_0((L_D+R_{1D})\sqrt{f(u)})}{u[c_1-d_1aI_0((L_D+R_{1D})\sqrt{f(u)})-aK_0((L_D+R_{1D})\sqrt{f(u)})]} \tag{7-6}$$

(2) 无限大边界：

$$\bar{p}_{\mathrm{D}}=S\frac{aK_0[(L_{\mathrm{D}}+R_{1\mathrm{D}})\sqrt{f(u)}]}{u\{c_2-aK_0[(L_{\mathrm{D}}+R_{1\mathrm{D}})\sqrt{f(u)}]\}} \tag{7-7}$$

(3) 圆形定压边界：

$$\bar{p}_{\mathrm{D}}=S\frac{d_2aI_0((L_{\mathrm{D}}+R_{1\mathrm{D}})\sqrt{f(u)})+aK_0((L_{\mathrm{D}}+R_{1\mathrm{D}})\sqrt{f(u)})}{u\{c_1-d_2aI_0((L_{\mathrm{D}}+R_{1\mathrm{D}})\sqrt{f(u)})-aK_0((L_{\mathrm{D}}+R_{1\mathrm{D}})\sqrt{f(u)})\}} \tag{7-8}$$

其中：

$$a=1-\frac{\omega_2R_{2\mathrm{D}}^2u}{C_{\mathrm{FD}}}$$

$$d_1=\frac{K_1(r_{\mathrm{eD}}\sqrt{f(u)})}{I_1(r_{\mathrm{eD}}\sqrt{f(u)})}$$

$$f(u)=u\frac{\lambda+\omega(1-\omega)u}{(1-\omega)u+\lambda}$$

$$c_2=K_0(\sqrt{f(u)})+S\sqrt{f(u)}K_1(\sqrt{f(u)})$$

$$d_2=-\frac{K_0(r_{\mathrm{eD}}\sqrt{f(u)})}{I_0(r_{\mathrm{eD}}\sqrt{f(u)})}$$

$$c_1=dI_0(\sqrt{f(u)})+K_0(\sqrt{f(u)})-S\sqrt{f(u)}[dI_1(\sqrt{f(u)})-K_1(\sqrt{f(u)})]$$

式中，$I_0(x)$、$K_0(x)$为零阶虚宗量贝塞尔函数；$I_1(x)$、$K_1(x)$为一阶虚宗量贝塞尔函数；u 为 Laplace 变量。

对应定义的无因次量：

裂缝储容比：$\omega=\dfrac{\phi_{\mathrm{f}}C_{\mathrm{tf}}}{\phi_{\mathrm{f}}C_{\mathrm{tf}}+\phi_{\mathrm{m}}C_{\mathrm{tm}}}$。

溶洞储容比：$\omega_{\mathrm{v}}=\dfrac{\phi_{\mathrm{v}}C_{\mathrm{tv}}}{2(\phi_{\mathrm{f}}C_{\mathrm{tf}}+\phi_{\mathrm{m}}C_{\mathrm{tm}})}$。

窜流系数：$\lambda=\alpha\dfrac{K_{\mathrm{m}}}{K_{\mathrm{f}}}r_{\mathrm{w}}^2$。

式中，ω_{v}为溶洞储容比；ω 为裂缝储容比；λ 为窜流系数；K 为渗透率，μm^2；C_{t}为压缩系数，1/MPa；C 为储集系数，m^3/MPa；ϕ 为孔隙度，无量纲小数；f、v、m 分别为裂缝、溶洞和基质；u 为 Laplace 变量。

7.2.3 溶孔型复合储层模式试井数学模型

1) 渗流物理模型建立

考虑井筒储集和表皮效应的井未钻遇溶洞型非连续介质溶孔型复合储层缝洞模

式渗流物理模型如图 7-8 所示。圆形储层中心的周围为溶孔型储层构成的两区复合储层。

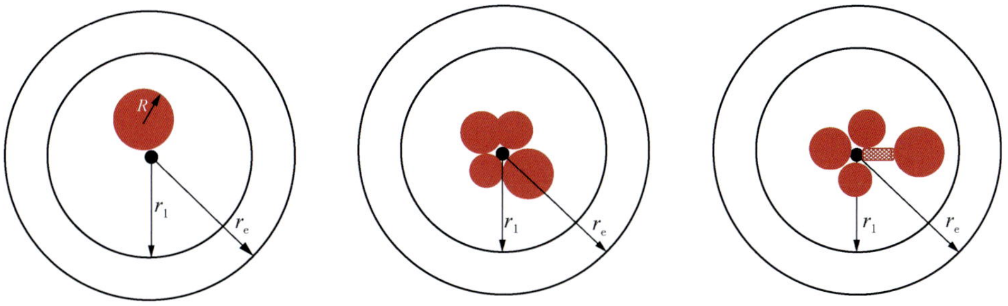

(a)溶洞+溶孔型复合储层模式　　(b)多洞+溶孔型复合储层模式　　(c)多洞+裂缝+溶孔型复合储层模式

图 7-8　溶孔型复合储层类

假设条件：①单相微可压缩流体；②圆形储层各向同性水平等厚，溶洞周围为溶孔型复合储层；③忽略重力和毛管力的影响，考虑井筒储集和表皮效应的影响；④介质中流体的渗流为达西渗流，渗流过程中为等温，无任何特殊的物理和化学现象发生；⑤油井以定产量 q 生产；⑥在油藏开始开采之前，储层中任一位置处的压力为原始储层压力 p_i。

2）试井数学模型求解

溶孔型复合储层的不同缝洞模式的拉氏空间井底压力：

$$\bar{p}_{wD}=\frac{u\bar{p}_D+S}{u[1+(C_D u)(u\bar{p}_D+S)]}\text{（单洞）} \tag{7-9}$$

$$\bar{p}_{wD}=\frac{u\bar{p}_D+S}{u\left\{1+\left[C_D u+\sum_{i=1}^{n-1}\lambda_i\left(1-\frac{\lambda_i}{\lambda_i+\omega_i R_{iD}^2 u}\right)\right](u\bar{p}_D+S)\right\}}\text{（多洞）} \tag{7-10}$$

其中：

$$\bar{p}_D=\frac{K_0(\sqrt{f_1(u)})+K_A I_0(\sqrt{f_1(u)})}{u\sqrt{f_1(u)}[K_1(\sqrt{f_1(u)})-K_A I_1(\sqrt{f_1(u)})]}\text{（单洞或多洞）}$$

$$K_A=\frac{f_{KI0}(1)+f_{KI1}(1)\cdot G}{G-1}$$

$$G=\frac{f_I(2)}{f_I(1)}\,\frac{f_{KI0}(2)+Ra}{-f_{KI1}(2)+Ra}$$

$$f_{KI0}(1)=\frac{K_0[r_{1D}\sqrt{f_1(u)}]}{I_0[r_{1D}\sqrt{f_1(u)}]}$$

$$N=\frac{M_{12}}{PC_{12}}=\frac{\text{流度比}}{\text{储容比}}$$

$$f_{\mathrm{KI0}}(2)=\frac{K_0[r_{1\mathrm{D}}\sqrt{f_2(u)}]}{I_0[r_{1\mathrm{D}}\sqrt{f_2(u)}]}$$

$$f_{\mathrm{KI1}}(1)=\frac{K_1[r_{1\mathrm{D}}\sqrt{f_1(u)}]}{I_1[r_{1\mathrm{D}}\sqrt{f_1(u)}]}$$

$$f_{\mathrm{KI1}}(2)=\frac{K_1[r_{1\mathrm{D}}\sqrt{f_2(u)}]}{I_1[r_{1\mathrm{D}}\sqrt{f_2(u)}]}$$

$$f_1(u)=u$$

$$f_2(u)=uN$$

$$f_{\mathrm{I}}(1)=\frac{I_0[r_{1\mathrm{D}}\sqrt{f_1(u)}]}{I_1[r_{1\mathrm{D}}\sqrt{f_1(u)}]}$$

$$f_{\mathrm{I}}(2)=\frac{M_{12}\sqrt{f_1(u)}}{\sqrt{f_2(u)}}\frac{I_0[r_{1\mathrm{D}}\sqrt{f_2(u)}]}{I_1[r_{1\mathrm{D}}\sqrt{f_2(u)}]}$$

$$Ra=0\text{（无限大边界）}$$

$$Ra=-\frac{K_0[r_{2\mathrm{D}}\sqrt{f_2(u)}]}{I_0[r_{2\mathrm{D}}\sqrt{f_2(u)}]}\text{（圆形定压边界）}$$

$$Ra=\frac{K_1[r_{2\mathrm{D}}\sqrt{f_2(u)}]}{I_1[r_{2\mathrm{D}}\sqrt{f_2(u)}]}\text{（圆形封闭边界）}$$

式中，$I_0(x)$、$K_0(x)$为零阶虚宗量贝塞尔函数；$I_1(x)$、$K_1(x)$为一阶虚宗量贝塞尔函数；u 为 Laplace 变量。

7.2.4 裂缝—溶孔型复合储层模式试井数学模型

1）渗流物理模型建立

考虑井筒储集和表皮效应的井钻遇溶洞型非连续介质溶洞+裂缝—溶孔型复合储层缝洞模式渗流物理模型如图 7-9 所示。圆形储层为裂缝—溶孔型储层构成的两区双孔复合储层。

假设条件：①单相微可压缩流体；②圆形储层各向同性水平等厚，溶洞周围为裂缝—溶孔型的两区复合储层；③忽略重力和毛管力的影响，考虑井筒储集和表皮效应的影响；④裂缝及溶孔中流体的渗流为达西渗流，渗流过程中为等温，无任何特殊的物理和化学现象发生；⑤油井以定产量 q 生产；⑥在油藏开始开采之前，储层中任一位置处的压力为原始储层压力 p_{i}。

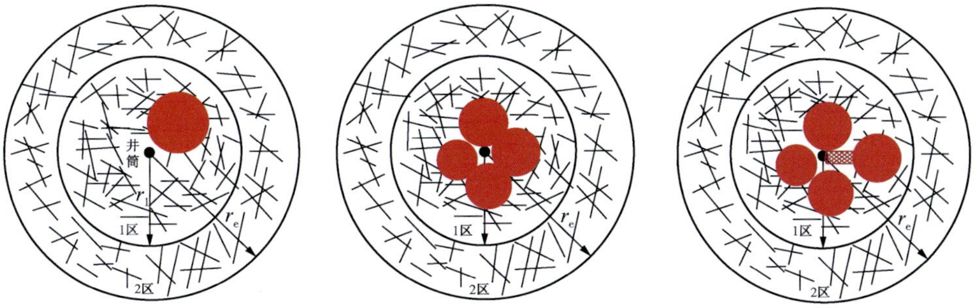

(a)溶洞+裂缝—溶孔型复合储层　(b)多洞+裂缝—溶孔型复合储层　(c)多洞+裂缝+裂缝—溶孔型复合储层

图 7-9　裂缝—溶孔型复合储层类

2）试井数学模型求解

裂缝—溶孔型复合储层的试井数学模型的解：

无因次量定义：

储集系数：$C_D=\dfrac{C}{2\pi\,(\phi_f C_{tf}+\phi_m C_{tm})_1 h r_w^2}$。

1 区裂缝储容比：$\omega_1=\left(\dfrac{\phi_f C_{tf}}{\phi_f C_{tf}+\phi_m C_{tm}}\right)_1$。

2 区裂缝储容比：$\omega_2=\left(\dfrac{\phi_f C_{tf}}{\phi_f C_{tf}+\phi_m C_{tm}}\right)_2$。

溶洞储容比：$\omega_v=\dfrac{\phi_v C_{tv}}{2(\phi_f C_{tf}+\phi_m C_{tm})}$。

1 区窜流系数：$\lambda_1=\left(\alpha\dfrac{K_m}{K_f}\right)_1 r_w^2$。

2 区窜流系数：$\lambda_2=\left(\alpha\dfrac{K_m}{K_f}\right)_2 r_w^2$。

流度比：$M=\dfrac{\left(\dfrac{K_f}{\mu}\right)_1}{\left(\dfrac{K_f}{\mu}\right)_2}$。

储能比：$P=\dfrac{(\phi_f C_{tf}+\phi_m C_{tm})_1}{(\phi_f C_{tf}+\phi_m C_{tm})_2}$。

式中，f、v、m 分别为裂缝、溶洞和基质；ω 为裂缝储容比；λ 为窜流系数；1，2 分别为 1 区，2 区；u 为 Laplace 变量。

裂缝—溶孔型复合储层模式的函数 $f(u)$：

$$f_1(u)=u\,\frac{\omega_1(1-\omega_1)u+\lambda_1}{(1-\omega_1)u+\lambda_1} \tag{7-11}$$

$$f_2(u)=u\frac{N^2\omega_2(1-\omega_2)u+\lambda_2 N}{N(1-\omega_2)u+\lambda_2} \tag{7-12}$$

多洞+裂缝的试井数学模型的解：

$$\bar{p}_{\mathrm{D}}=S\frac{aK_0[(L_{1\mathrm{D}}+R_{1\mathrm{D}})\sqrt{f_1(u)}]+aK_{\mathrm{A}}I_0[(L_{1\mathrm{D}}+R_{1\mathrm{D}})\sqrt{f_1(u)}]}{u\sqrt{f_1(u)}\{[K_1[\sqrt{f_1(u)}]-K_{\mathrm{A}}I_1[\sqrt{f_1(u)}]]\}}\text{(多洞+裂缝)} \tag{7-13}$$

7.2.5 串联洞模式试井数学模型

1) 渗流物理模型建立

井未钻遇溶洞型非连续介质多洞多缝储层模式渗流物理模型如图 7-10 所示。井筒连接由裂缝和溶洞组成的串联洞模式。流体的采出依靠大型洞穴及流体的弹性，通过大孔道间接向井筒供液，周围储层为由裂缝及溶蚀孔洞组成的裂缝—溶孔型储层或裂缝—溶孔型复合介质储层（或溶孔型储层、溶孔型复合储层）。

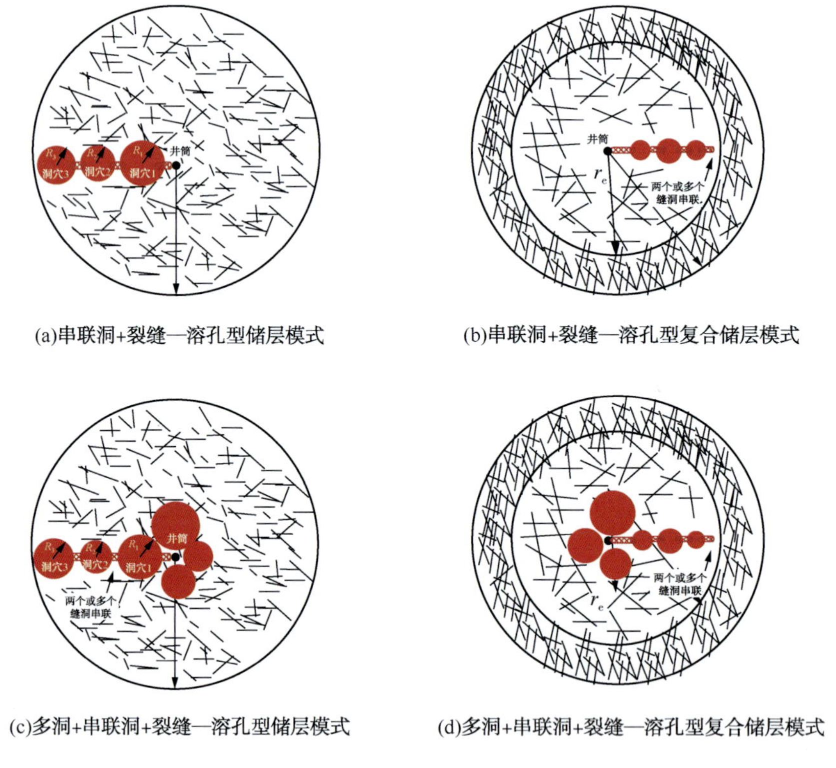

(a)串联洞+裂缝—溶孔型储层模式　(b)串联洞+裂缝—溶孔型复合储层模式

(c)多洞+串联洞+裂缝—溶孔型储层模式　(d)多洞+串联洞+裂缝—溶孔型复合储层模式

图 7-10　多洞多缝储层类

假设条件：①单相微可压缩流体；②圆形储层各向同性，水平等厚，溶洞周围为裂缝—溶孔型储层或者裂缝—溶孔型复合储层；③忽略重力和毛管力的影响；考虑井筒储集和表皮效应的影响；④流体的渗流为达西渗流，渗流过程中为等温，无任何特殊的物理和化学现象发生；⑤油井以定产量 q 生产；⑥在油藏开始开采之前，储层中任一位置处的压力为原始储层压力 p_i；⑦串联洞的缝洞结构中溶洞和裂缝均可以不相同。

2）试井数学模型建立

同样考虑大尺度裂缝的线性流，得到基于串联洞模式的裂缝—溶孔型储层和裂缝—溶孔型复合介质储层的数学模型解：

（1）串联洞+裂缝—溶孔型储层模式：

$$\bar{p}_{wD}=\frac{u\bar{p}_D+S}{u\left\{1+\frac{1}{S}\left[u\bar{p}_D-u\bar{p}_D(L_{1D}+R_{1D})+\left(\frac{\omega_2R_{2D}^2u}{C_{FD}}\right)\left(1-\frac{\omega_nR_n^2u}{C_{FD}}\right)u\bar{p}_D(L_{1D}+R_{1D}+2R_{2D}+L_{2D}+\cdots+L_{(n-1)D})\right]+(C_Du)(u\bar{p}_D+S)\right\}} \tag{7-14}$$

其中：

$$\bar{p}_D(r_D=1)=\frac{K_0(\sqrt{f(u)})}{u\sqrt{f(u)}K_1(\sqrt{f(u)})}$$

$$\bar{p}_D(L_{1D}+R_{1D})=\frac{K_0[(L_{1D}+R_{1D})\sqrt{f(u)}]}{u\sqrt{f(u)}K_1(\sqrt{f(u)})}$$

$$\bar{p}_D(L_{1D}+R_{1D}+2R_{2D}+L_{2D}+\cdots+L_{(n-1)D})=\frac{K_0[(L_{1D}+R_{1D}+2R_{2D}+L_{2D}+\cdots+L_{(n-1)D})\sqrt{f(u)}]}{u\sqrt{f(u)}K_1(\sqrt{f(u)})}$$

（2）串联洞+裂缝—溶孔型复合储层模式：

$$\bar{p}_{wD}=\frac{u\bar{p}_D+S}{u\left\{1+\frac{1}{S}\left[u\bar{p}_D-u\bar{p}_D(L_{1D}+R_{1D})+\left(\frac{\omega_2R_{2D}^2u}{C_{FD}}\right)\left(1-\frac{\omega_nR_{nD}^2u}{C_{FD}}\right)u\bar{p}_D(L_{1D}+R_{1D}+2R_{2D}+L_{2D}+\cdots+L_{(n-1)D})\right]+(C_Du)(u\bar{p}_D+S)\right\}} \tag{7-15}$$

其中：

$$\bar{p}_D(r_D=1)=\frac{K_0(\sqrt{f_1(u)})+K_AI_0(\sqrt{f_1(u)})}{u\sqrt{f_1(u)}[K_1(\sqrt{f_1(u)})-K_AI_1(\sqrt{f_1(u)})]}$$

$$\bar{p}_D(L_{1D}+R_{1D})=\frac{K_0[(L_{1D}+R_{1D})\sqrt{f_1(u)}]+K_AI_0[(L_{1D}+R_{1D})\sqrt{f_1(u)}]}{u\sqrt{f_1(u)}[K_1(\sqrt{f_1(u)})-K_AI_1(\sqrt{f_1(u)})]}$$

$$\bar{p}_D(L_{1D}+R_{1D}+2R_{2D}+L_{2D}+\cdots+L_{(n-1)D})$$

$$=\frac{K_0[(L_{1D}+R_{1D}+2R_{2D}+L_{2D}+\cdots+L_{(n-1)D})\sqrt{f_1(u)}]+K_AI_0[(L_{1D}+R_{1D}+2R_{2D}+L_{2D}+\cdots+L_{(n-1)D})\sqrt{f_1(u)}]}{u\sqrt{f_1(u)}[K_1(\sqrt{f_1(u)})-K_AI_1(\sqrt{f_1(u)})]}$$

式中，$p_{j\mathrm{D}}$为无因次储层压力；R_D为无因次溶洞半径；L_D为无因次裂缝长度；C_D为无因次井筒储集系数；ω_n为溶洞 n 的储容比；u 为 Laplace 变量；$I_0(x)$、$K_0(x)$为零阶虚宗量贝塞尔函数；$I_1(x)$、$K_1(x)$为一阶虚宗量贝塞尔函数。

7.3 井未钻遇溶洞型非连续介质试井典型曲线

利用 Stehfest 数值反演，得到实空间井底压力 p_{wD} 绘制井未钻遇大尺度溶洞的不同缝洞模式试井典型曲线，分析试井典型曲线的形态特征，对试井典型曲线划分不同的流动阶段，分析不同流动阶段对应的流体渗流特征。

7.3.1 溶孔型储层模式试井典型曲线

溶孔型储层模式的试井典型曲线如图 7-11 所示。多洞+溶孔型储层试井典型曲线如图 7-12 所示。

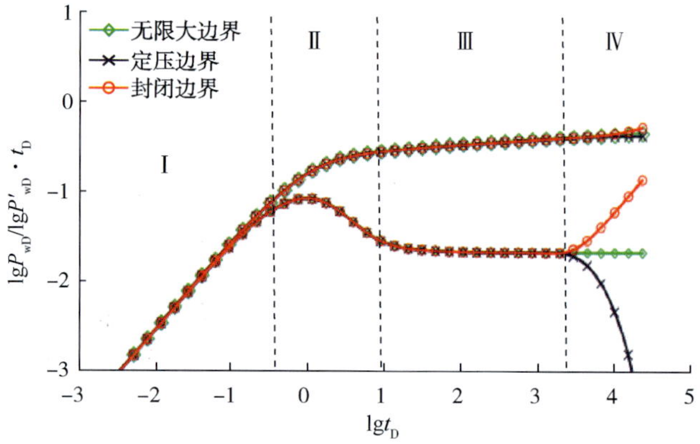

图 7-11　溶孔型储层模式试井典型曲线

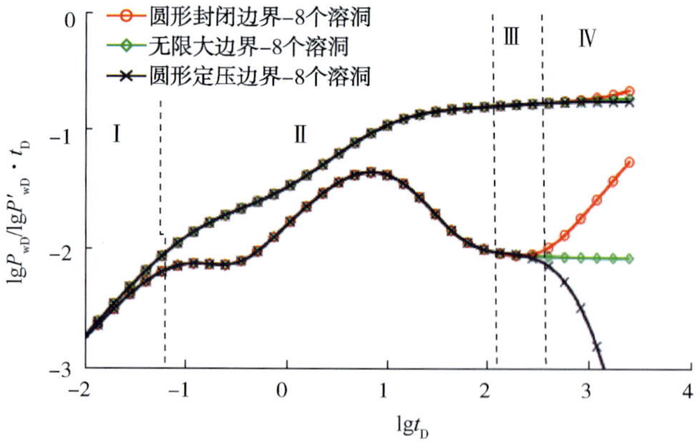

图 7-12　多洞+溶孔型储层试井典型曲线

根据试井曲线形态征可划分流动阶段：

第Ⅰ阶段：纯井筒储集效应影响阶段。这个阶段主要受到无因次井筒储集系数的影响；无因次压力和压力导数曲线在纯井筒储集阶段会出现斜率为 1 的直线，随着时间的推移，双对数曲线在早期会越来越偏移早期直线，受表皮系数的影响会出现一个驼峰。

第Ⅱ阶段：过渡阶段。在这个阶段开始时，随着流体的不断采出，储层压力下降，随着时间的推移，无因次压力及压力导数曲线会出现向上倾斜的直线；在双对数图上，压力和压力导数曲线变得越来越接近。当有多个溶洞时，直到最大半径的溶洞窜流完成，均在此阶段完成。之后就是储层径向流阶段，压力及压力导数曲线会出现跟第一个图一样的一个水平段，一般的称为“0.5 线”；若边界距离较小的，很快就会发生边界反映。

第Ⅲ阶段：储层径向流阶段。压力及压力导数曲线上会出现水平的“0.5 线”。

第Ⅳ阶段：边界反映阶段。后期是受到边界影响的情况，对于封闭边界，压力及压力导数曲线会上翘，无限大边界的后期是一条水平线，出现下掉现象的是定压边界，在后面的曲线中将不再一一解释边界对试井典型曲线的影响情况。

7.3.2 裂缝—溶孔型储层模式试井典型曲线

裂缝—溶孔型储层模式试井典型曲线如图 7-13 所示。两洞+裂缝—溶孔型储层模式试井典型曲线如图 7-14 所示。多洞+裂缝—溶孔型储层模式试井典型曲线如图 7-15所示。裂缝+裂缝—溶孔型储层模式试井典型曲线如图 7-16 所示。多洞+裂缝+裂缝—溶孔型储层模式试井典型曲线如图 7-17 所示。

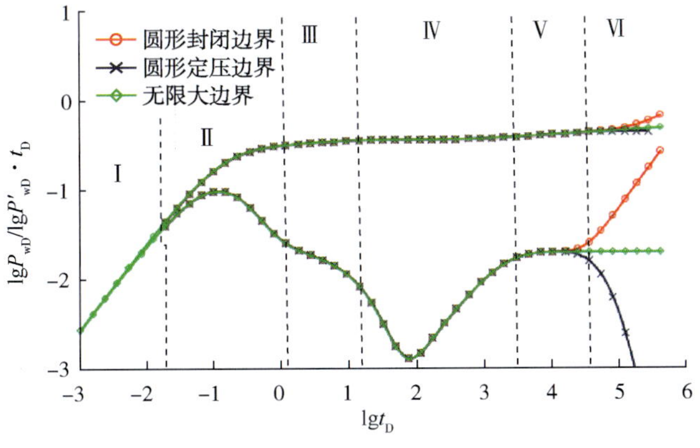

图 7-13 裂缝—溶孔型储层模式试井典型曲线

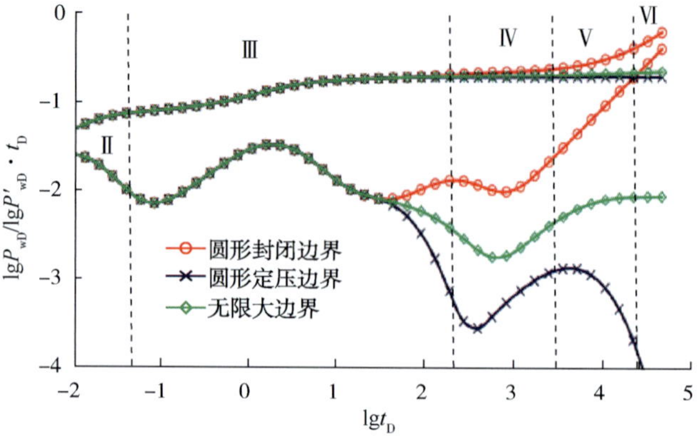

图 7-14　二溶洞+裂缝—溶孔型储层模式试井典型曲线

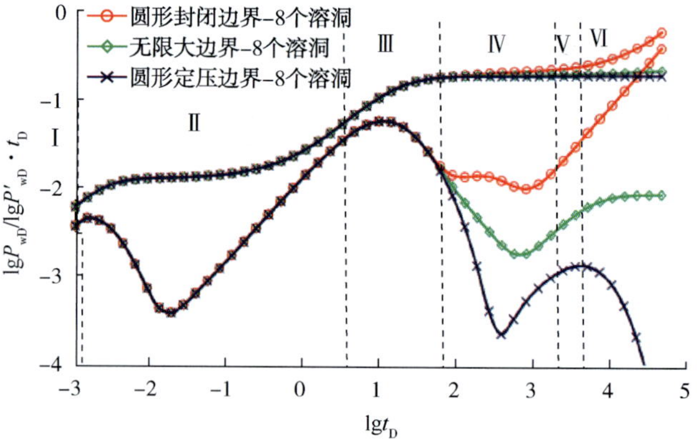

图 7-15　多洞+裂缝—溶孔型储层模式试井典型曲线

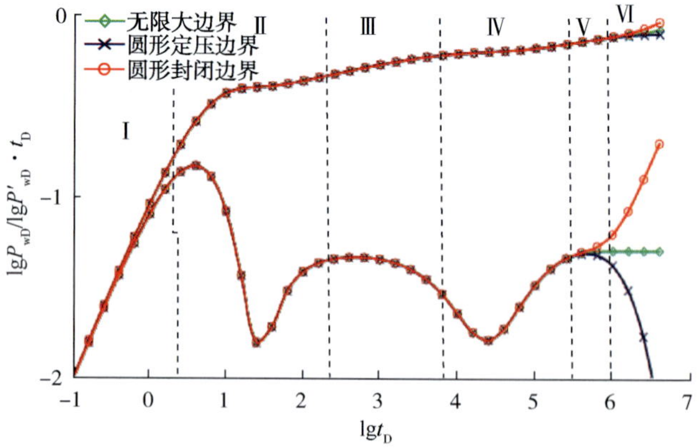

图 7-16　裂缝+裂缝—溶孔型储层模式试井典型曲线

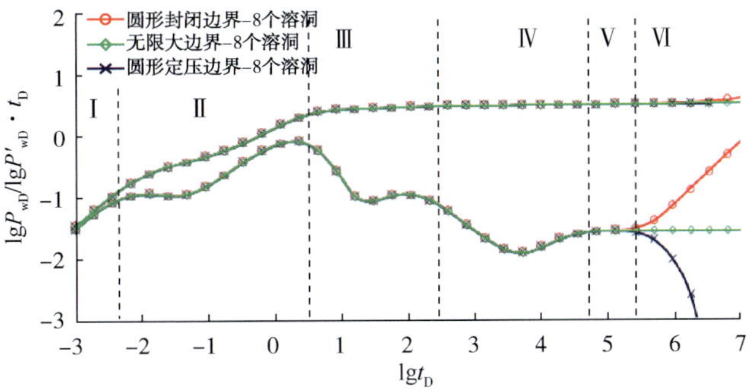

图 7-17　多洞+裂缝+裂缝—溶孔型储层模式试井典型曲线

根据试井曲线形态征可分划分流动阶段：

第Ⅰ阶段：纯井筒储集效应影响阶段。这个阶段主要受到无因次井筒储集系数的影响；无因次压力和压力导数曲线在纯井筒储集阶段会出现斜率为 1 的直线，随着时间的推移，双对数曲线在早期会越来越偏移斜率为 1 的直线，受表皮系数的影响会出现一个驼峰。

第Ⅱ阶段：过渡流阶段。包括部分井筒储集效应，多溶洞效应和表皮效应解阶段。当存在串联洞的大裂缝时，压力及压力导数出现相互平行的直线，即裂缝线性流阶段。

第Ⅲ阶段：裂缝径向流阶段。若井周围存在多个溶洞，则在第二阶段中就会出现多个凹子，表示不同溶洞向井钻遇的溶洞的窜流。压力导数曲线会出现向上倾斜的直线；在双对数图上，压力和压力导数曲线变得越来越接近，表明压力波传播到最大的溶洞边界，即将要传播到双孔介质储层中。当储层中存在由裂缝连接的多个溶洞时，溶洞向裂缝的窜流也会在这个阶段发生。

第Ⅳ阶段：溶孔中流体向裂缝的窜流阶段。在这个阶段开始时，随着流体的不断采出，储层压力下降，随着时间的推移，压力波传播到溶洞边界；无因次压力导数曲线上出现一个凹子，凹子的深浅、位置与裂缝储容比、窜流系数有关；双孔介质储层模式的试井典型曲线在这个阶段一般会出现一个台阶。

第Ⅴ阶段：储层径向流阶段。随着时间的推移，达到整个储层系统的径向流动阶段。

第Ⅵ阶段：边界反映阶段。

7.3.3　溶孔型复合储层模式试井典型曲线

溶孔型复合储层试井典型曲线如图 7-18 所示。多洞+溶孔型复合储层试井典型曲线如图 7-19 所示。

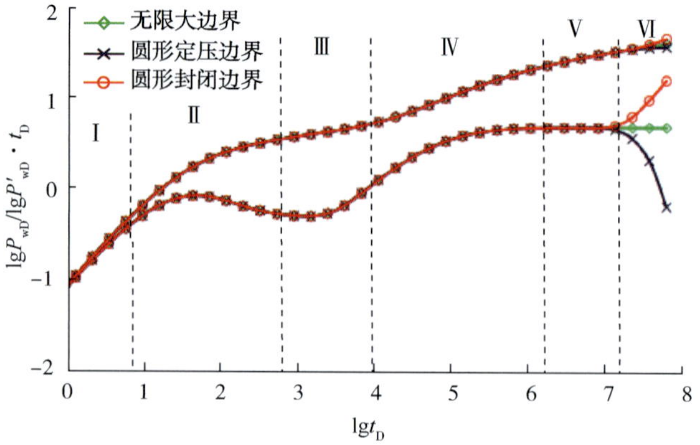

图 7-18　溶孔型复合储层试井典型曲线

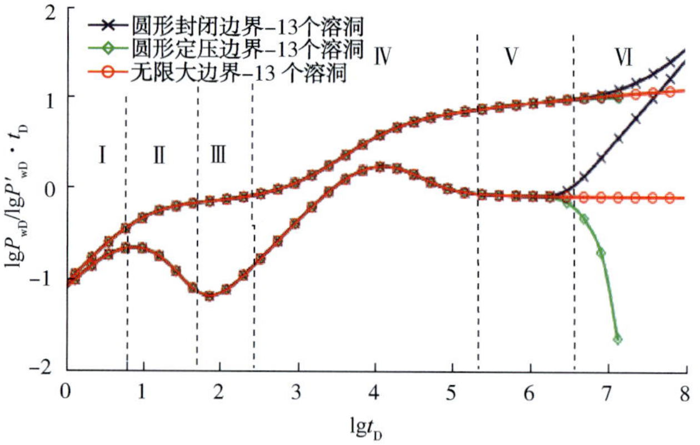

图 7-19　多洞+溶孔型复合储层试井典型曲线

根据试井曲线形态征可划分流动阶段：

第Ⅰ阶段：纯井筒储集效应影响阶段。这个阶段主要受到无因次井筒储集系数的影响；无因次压力和压力导数曲线在纯井筒储集阶段会出现斜率为 1 的直线。随着时间的推移，双对数曲线在早期会越来越偏移早期直线，受表皮系数的影响会出现一个驼峰。

第Ⅱ阶段：过渡流阶段。

第Ⅲ阶段：内区径向流阶段。这个阶段反映的是整个内区储层的径向流动阶段，若钻遇多个溶洞时候，这个阶段会被掩盖，很快就会发生压力及压力导数曲线相互趋近且上翘的趋势。当压力波传到最大溶洞边界时，无因次压力及压力导数曲线会出现向上倾斜的直线；在双对数图上，压力和压力导数曲线变得越来越接近，表明压力波传播到溶洞边界。

第Ⅳ阶段：过渡流阶段。

第Ⅴ阶段：外区径向流阶段。当外区的储层性质变好时，这个阶段的曲线会出现一个上升的台阶；反之，当内区的储层性质变差时，后期出现一个下降的台阶。主要受到两区流度比的影响。

第Ⅵ阶段：边界反映阶段。

7.3.4 裂缝—溶孔型复合储层模式试井典型曲线

裂缝—溶孔型复合储层模式试井典型曲线如图 7-20 所示。多洞+裂缝+裂缝—溶孔型复合储层模式试井典型曲线如图 7-21 所示。多洞+裂缝—溶孔型复合储层模式试井典型曲线如图 7-22 所示。

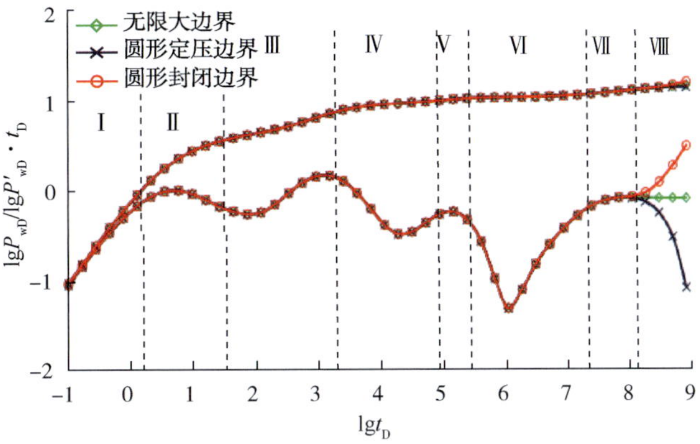

图 7-20　裂缝—溶孔型复合储层模式试井典型曲线

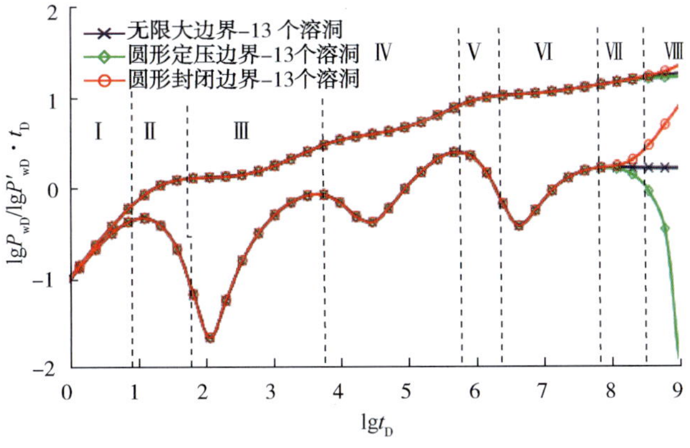

图 7-21　多洞+裂缝+裂缝—溶孔型复合储层模式试井典型曲线

根据试井曲线形态征可划分流动阶段：

第Ⅰ阶段：纯井筒储集影响阶段。这个阶段主要受到无因次井筒储集系数的影响；无因次压力和压力导数曲线在纯井筒储集阶段会出现斜率为 1 的直线，随着时间的推移，双对数曲线在早期会越来越偏移斜率为 1 的直线，受表皮系数的影响会出现一个驼峰。

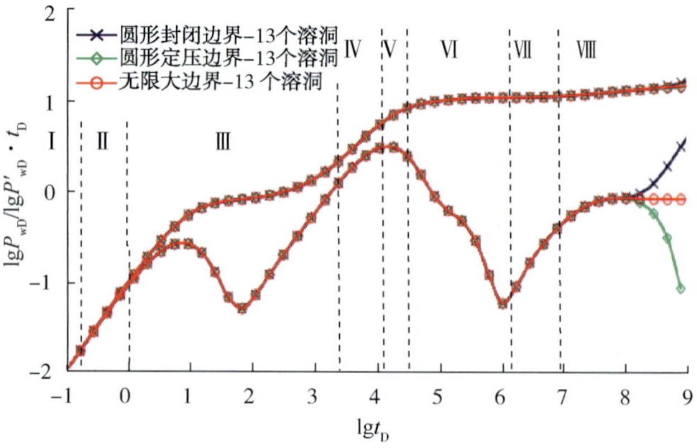

图 7-22　多洞+裂缝—溶孔型复合储层模式试井典型曲线

第Ⅱ阶段：过渡阶段。

第Ⅲ阶段：内区裂缝径向流动阶段。若存在多洞或者裂缝连接的溶洞时，随着流体的不断采出，储层压力下降，随着时间的推移，压力波传播到溶洞边界；压力及压力导数曲线会越来越接近。

第Ⅳ阶段：1 区流体向裂缝的窜流阶段。压力导数曲线上出现一个凹子，凹子的深浅与 1 区储能比有关，凹子的位置受到 1 区窜流系数的影响。

第Ⅴ阶段：过渡阶段。主要受到两区储能比的影响。

第Ⅵ阶段：2 区流体向裂缝的窜流阶段。压力导数曲线上出现一个凹子，凹子的深浅与 2 区储能比有关，凹子的位置受到 2 区窜流系数的影响。

第Ⅶ阶段：系统总的径向流阶段。随着时间的推移，流体流动达到整个系统总的径向流阶段。

第Ⅷ阶段：边界反映阶段。

7.3.5　串联洞模式试井典型曲线

串联洞+裂缝—溶孔型储层模式试井典型曲线如图 7-23 所示。串联洞+裂缝—溶孔型复合储层模式如图 7-24 所示。

根据试井曲线形态征可分划分流动阶段：

第Ⅰ阶段：纯井储和钻遇溶洞效应阶段。这个阶段主要受到无因次井筒储集系数及溶洞半径的影响；无因次压力和压力导数曲线在纯井筒储集阶段会出现斜率为 1 的直线，随着时间的推移，双对数曲线在早期会越来越偏移斜率为 1 的直线，受表皮系数的影响会出现一个驼峰。

第Ⅱ阶段：过渡阶段。此阶段包括部分井筒储集效应，多溶洞效应及表皮效应。若井周围存在多个溶洞，则在第二阶段中就会出现多个凹子，表示不同溶洞向井钻遇的溶洞的窜流。压力导数曲线会出现向上倾斜的直线；在双对数图上，压力和压

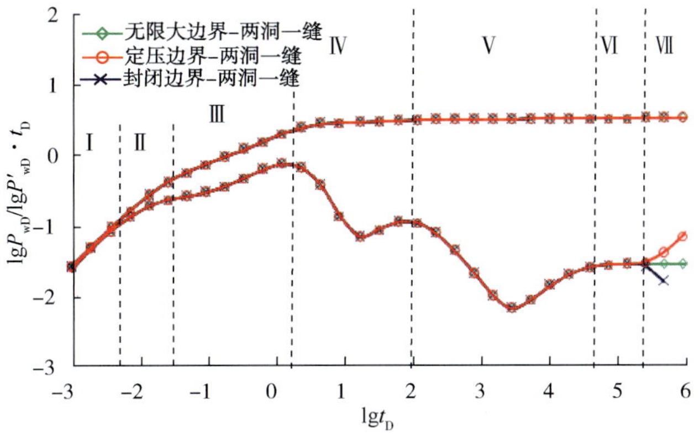

图 7-23　串联洞+裂缝—溶孔型储层模式试井典型曲线

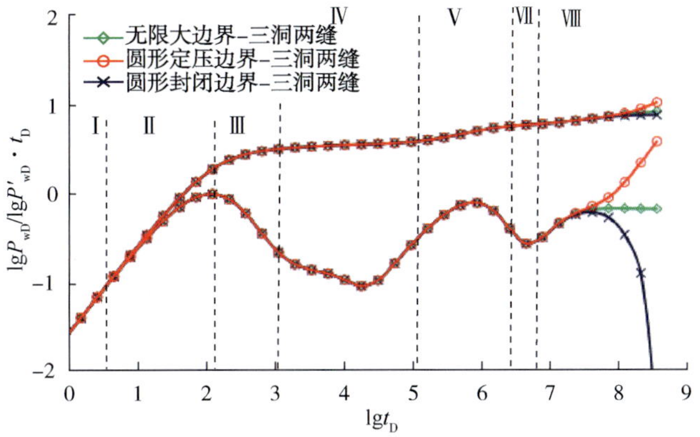

图 7-24　串联洞+裂缝—溶孔型复合储层模式试井典型曲线

力导数曲线变得越来越接近，表明压力波传播到最大的溶洞边界，即将要传播到双孔介质储层中。当储层中存在由裂缝连接的多个溶洞时，溶洞向裂缝的窜流也会在这个阶段发生。

第Ⅲ阶段：裂缝线性流阶段。存在大裂缝时，发生裂缝线性流，压力及压力导数曲线是两条相互平行上升的直线。

第Ⅳ阶段：裂缝径向流阶段。若井周围存在多个溶洞，则在第二阶段中就会出现多个凹子，表示不同溶洞向井钻遇的溶洞的窜流。压力导数曲线会出现向上倾斜的直线；在双对数图上，压力和压力导数曲线变得越来越接近，表明压力波传播到最大的溶洞边界，即将要传播到双孔介质储层中。当储层中存在由裂缝连接的多个溶洞时，溶洞向裂缝的窜流也会在这个阶段发生。

第Ⅴ阶段：溶孔中流体向裂缝的窜流阶段。在这个阶段开始时，随着流体的不断采出，储层压力下降，随着时间的推移，压力波传播到溶洞边界；无因次压力导数曲线上出现一个凹子，凹子的深浅、位置与裂缝储容比、窜流系数有关；双孔介质储层模式的试井典型曲线在这个阶段一般会出现一个台阶。

第Ⅵ阶段：系统总的径向流阶段。是整个储层系统总的径向流阶段。

第Ⅶ阶段：边界反映阶段。

7.4 小结

（1）建立并求解了井未钻遇溶洞型中基于溶孔型储层多洞的缝洞模式；基于裂缝—溶孔型储层的多洞及多洞+裂缝的缝洞模式；基于溶孔型复合储层多洞缝洞模式；基于溶孔型复合储层多洞及多洞+裂缝的缝洞模式；基于串联洞缝洞模式的裂缝—溶孔型储层和裂缝—溶孔型复合储层模式试井数学模型。

（2）绘制了井未钻遇溶洞型非连续介质试井典型曲线，划分了流动阶段，并对各流动阶段的渗流特点进行了分析。井未钻遇溶洞型的缝洞模式中大孔道普遍存在，因此会出现裂缝径向流阶段，裂缝越长，裂缝中流体流动持续的时间就越长。

（3）分析了不同模式的试井典型曲线敏感性。井未钻遇的溶洞主要影响试井典型曲线的后期，溶洞体积(半径)越大，后期凹子就越深，拟稳定流持续的时间就越长，直线段越长，说明后期储层的能量也越大。

8 塔河油田缝洞型碳酸盐岩油藏测试资料的解释实例

8.1 T444井压恢测试解释

8.1.1 测试井概况

T444井于2001年5月21日完钻，完钻井深5641.0m，完钻层位奥陶系。于2001年6月13日—6月21日进行压恢测试。测试具体参数见表8-1。

表8-1 T444井压恢测试基本参数表

参数名称	数据取值	数据来源
测试层段/m	5500~5641	测井解释
压力计下深/m	5200	实际下深
储层有效厚度/m	29.1	测井解释
油层总孔隙度	0.15	估计
测试井筒半径/m	0.075	四开钻头尺寸
原油体积系数	1.76	T444井PVT分析参数
综合压缩系数/$10^{-4}MPa^{-1}$	22.6	计算
原油黏度/mPa·s	2.27	T607井PVT分析参数
关井前生产时间/h	179.5	实测
关井前生产时间地面原油平均产量/(m^3/d)	201	生产史

通过对缝洞型油藏三重介质试井模型的研究，认为双对数导数曲线上的第一个下凹应该属于介质间窜流的影响，因此选用自行开发的三重介质数值试井模型对该井进行重新解释。图8-1为T444井三重介质数值试井软件解释情况，分别显示了参数的反演结果和半对数曲线的拟合情况。拟合效果非常令人满意。图8-2是将曲线的最终拟合结果在SAPHIR软件上所做的双对数及导数图等一系列拟合图。表8-2给出了该井最终参数的解释成果。

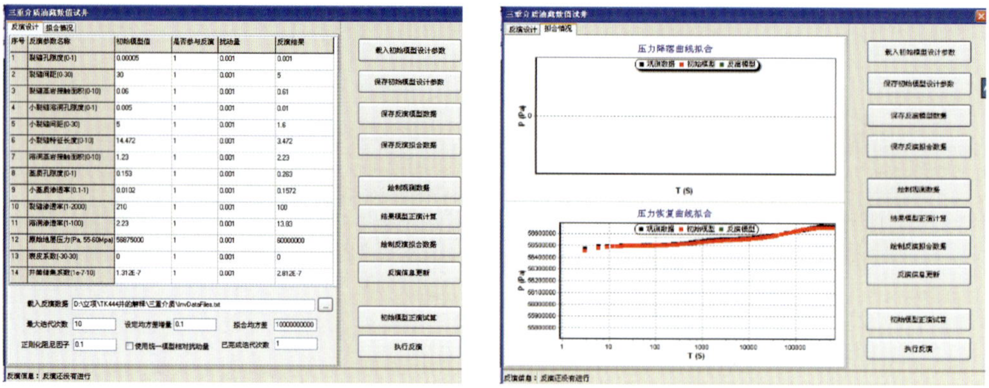

图 8-1　T444 井三重介质数值试井软件解释情况

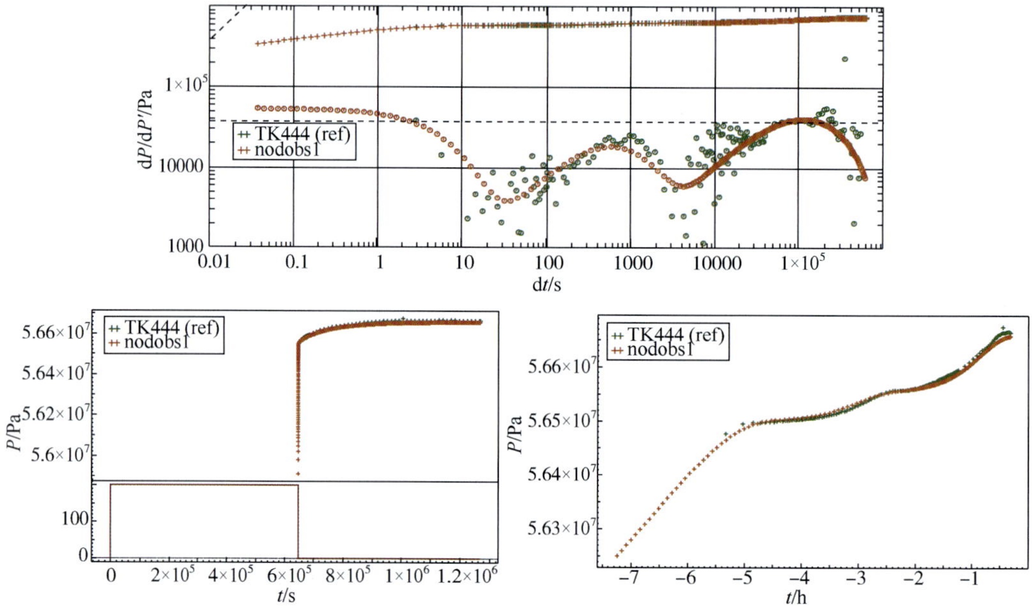

图 8-2　T444 井压恢测试双对数导数拟合图、原始压力拟合图、单对数拟合图

表 8-2　T444 井三重介质数值试井模型压恢测试解释结果

参　数	结　果
裂缝孔隙度 ϕ_F	0. 00005
裂缝间距 A/m	30
单位体积岩石中裂缝—基质 A_{FM}/裂缝—溶洞接触面积 A_{FV}/(m^2/m^3)	0. 06
溶洞孔隙度 ϕ_V	0. 005
小裂缝间距 a/m	5
小裂缝特征长度 l_x/m	14. 472
单位体积岩石中基质—溶洞接触面积 A_{MV}/(m^2/m^3)	1. 23
基质孔隙度 ϕ_M	0. 153

续表

参　数	结　果
基质渗透率 $K_M/10^{-15}m^2$	0.102
裂缝渗透率 $K_F/10^{-15}m^2$	210
溶洞渗透率(小裂缝渗透率) $K_V/10^{-15}m^2$	2.23
原始地层压力 P_I/Pa	56875000
表皮系数	0
井筒储集系数/(m^3/MPa)	1.312×10^{-7}
封闭边界/m	700

8.1.2　解释结果分析

(1) 该井钻井钻至5610.15m时，发生泥浆漏失，后强钻至5641.0m，结合强钻时发生的钻压下降等现象，说明地层渗透性较好，两方面较为相符。

(2) 从生产动态上看，该井只有初期日产油达到150m^3左右，后期均日产几十方，$210\times10^{-3}\mu m^2$的裂缝渗透率与之较相符。

8.2　TK313井压恢测试解释

8.2.1　测试井概况

TK313井2001年1月10日完钻，完钻井深5589.70m，完钻层位奥陶系。2001年1月27日—2月6日进行压力恢复数据测试，具体参数见表8-3。

表8-3　TK313井压恢测试基本参数表

名　称	取　值	单　位	数据来源
生产时间 t_p	171	h	实际生产时间
天然气地面产量	23200	m^3/d	实际产量
原油地面平均产量 Q_o	240	m^3/d	实际平均产量
气油比	97	—	地面气与油产量之比
天然气密度 γ_g	0.724	g/m^3	地面样化验分析
原油密度 γ_o	0.9264	g/m^3	地面样化验分析
油层厚度 h	22.5	m	综合解释的油气层
油层总孔隙度 ϕ	0.15	小数	估计
原油体积系数 B_O	1.98	—	根据经验公式计算
原油压缩系数 C_O	0.000862	1/MPa	根据经验公式计算
原油黏度 μ_O	1.44	mPa·s	根据经验公式计算
测试井筒半径 R_w	0.075	m	四开钻头直径

8.2.2 对 TK313 井的重新解释

图 8-3 是 TK313 井的 PDA 结果。从图中可知，PDA 得到的渗透率和表皮系数都与第二种结果相近，这是我们放弃第一种模型和解释的原因。另外我们又选择多重介质油藏模型，利用三重介质数值试井软件进行数值解释，解释情况如下。

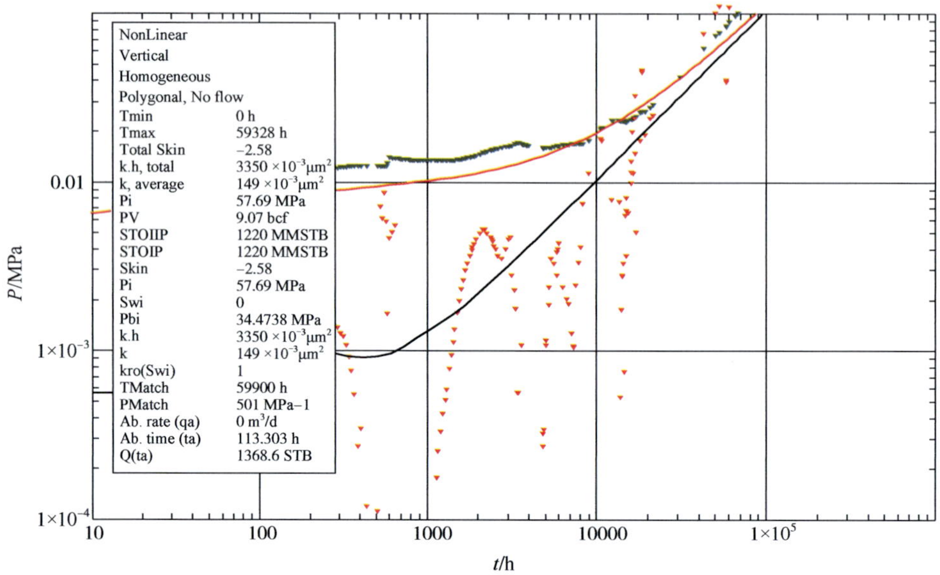

图 8-3　TK313 井的 PDA 结果

图 8-4 是 TK313 井压差双对数及导数曲线拟合情况，曲线拟合效果非常好，但其中三重介质的典型特征退化为双重介质。一般说来，三重介质的典型特征退化为双重介质有以下几方面原因：裂缝、基质、溶洞三重介质渗透性差异明显，第一下凹时间出现较晚，第二下凹时间出现更晚，常常被封闭边界的影响所代替；基质、溶洞渗透性差异不明显，致使第二下凹反映不出来；井筒储集系数的影响掩盖了三重介质第一甚至第二个下凹的影响。从参数的解释结果来看，溶洞和基质渗透率基本在一个数量级，致使导数曲线没有表现出三重介质的第二个下凹，后期反映出了封闭边界的影响(图 8-5)。

从表 8-4 的解释结果看出，裂缝渗透率与 PDA 结果吻合较好。但一个值得注意的问题是，根据现场的试井分析报告得知：这口井钻井时漏失 1200m^3 泥浆。由此我们假设井穿过一个较大的溶洞，根据前面建立的渗流—自由流耦合的试井模型理论，通过计算得出该溶洞的半径约为 4.12m(图 8-6)。这正好与解释出的 4.12m 溶洞相吻合，也进一步证明了我们的渗流—自由流耦合模型的合理性。图 8-7 为根据解释结果还原的地层模型图。

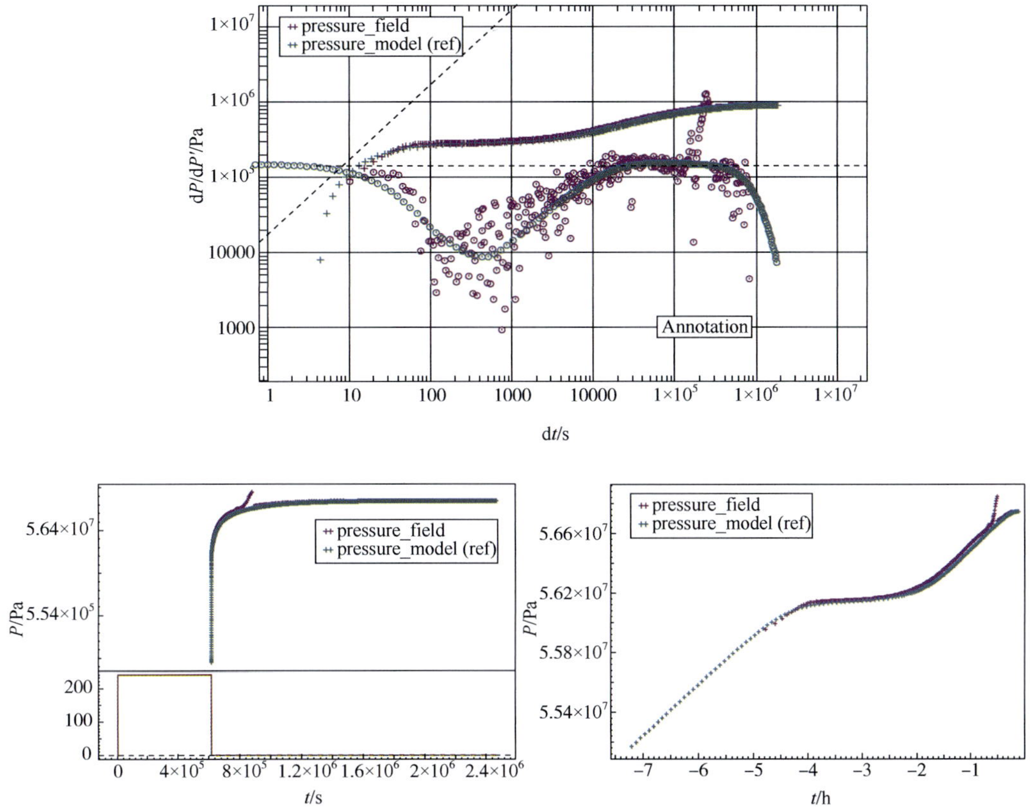

图 8-4　TK313 井压恢测试三重介质数值试井模型解释所得双对数导数拟合图、原始压力拟合图、半对数拟合图

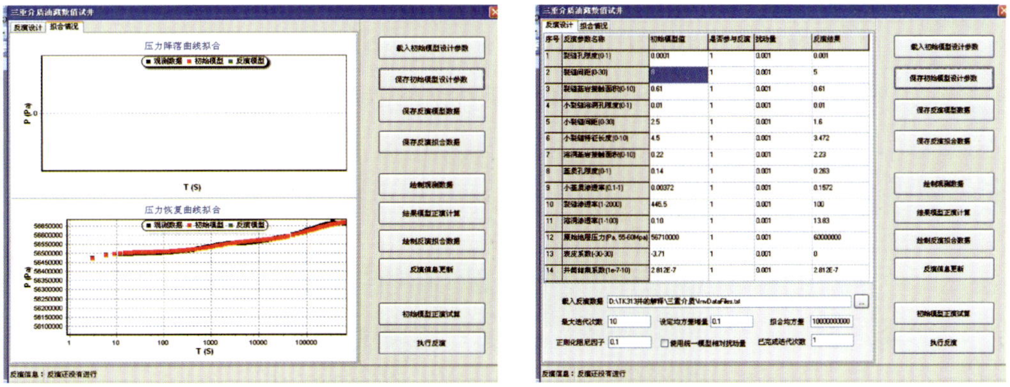

图 8-5　TK313 井三重介质数值试井软件解释情况

表 8-4　TK313 井三重介质数值试井模型压恢测试解释结果

参　数	结　果
裂缝孔隙度 ϕ_F	0. 0001
裂缝间距 A/m	8
裂缝—溶洞接触面积 A_{FV}/(m^2/m^3)	0. 61
溶洞孔隙度 ϕ_V	0. 01
小裂缝间距 a/m	2. 5
小裂缝特征长度 l_x/m	4. 5
单位体积岩石中基质—溶洞接触面积 A_{MV}/(m^2/m^3)	0. 22
基质孔隙度 ϕ_M	0. 14
基质渗透率 $K_M/10^{-15}m^2$	0. 072
裂缝渗透率 $K_F/10^{-15}m^2$	445. 5
溶洞渗透率(小裂缝渗透率)$K_V/10^{-15}m^2$	0. 10
原始地层压力 P_I/Pa	56710000
表皮系数	-3. 71
井筒储集系数/(m^3/MPa)	2. 812×10^{-7}
封闭边界/m	2000

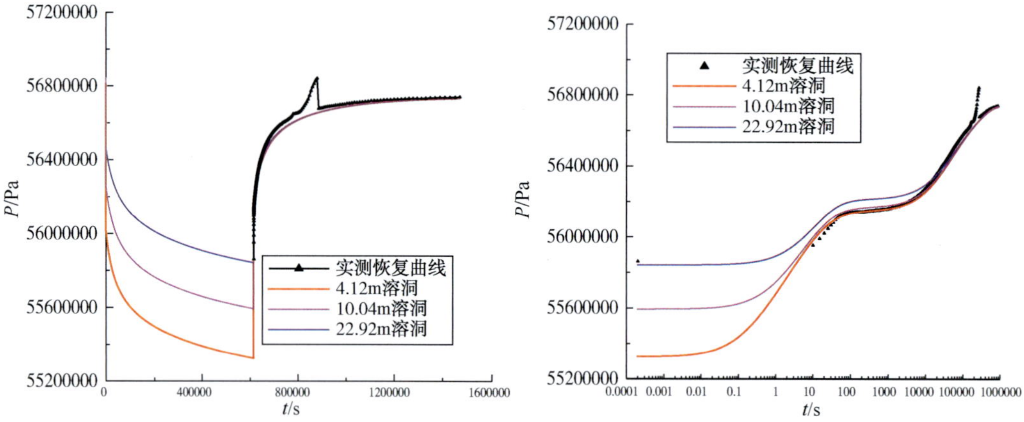

图 8-6　耦合流动模型解释 TK313 井压力拟合图及压力恢复半对数拟合图

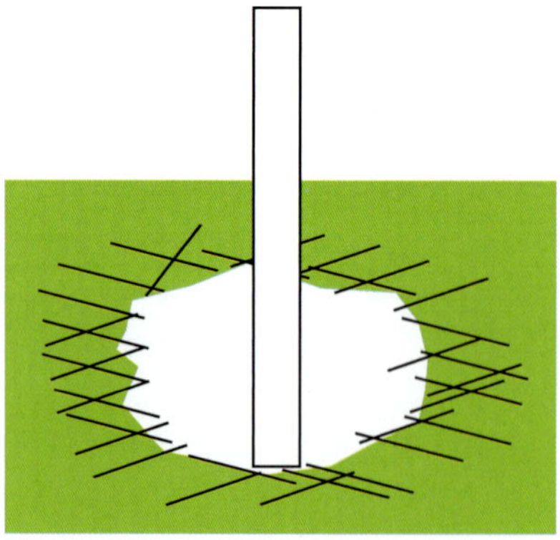

图 8-7　TK313 井耦合流动模型

（1）计算该井地层有效渗透率为 $1380\times10^{-3}\mu m^2$。说明该油藏裂缝比较发育，这也是本井目前产量较高的一个重要原因，该井 5 年内保持稳产 $200m^3$ 左右；耦合模型获得地层渗透率 $1400\times10^{-3}\mu m^2$，两种方法互为印证。

（2）表皮系数 2.52 说明井附近还存在一定的污染。

（3）耦合模型拟合得到井钻遇溶洞系统半径 200m，结合该井放空漏失情况：累计漏失泥浆 $1908.49m^3$，漏失段 5587.00~5588.54m，说明该井钻遇的是一个连通性非常好的大型裂缝溶洞系统，且钻遇的溶洞充填程度较高。

8.3 S48 井的解释

8.3.1 测试井概况

沙 48 井是塔河 4 号油田的第一口探井，该井于 1997 年 10 月 17 日完钻，完钻井深 5269.26m，完钻层位为下奥陶统，沙 48 井于 1998 年 4 月 22 日 22：41 关井测到了 142h 的压力恢复资料，到目前（2000 年 3 月底为止）该井的生产动态一直平稳，说明油藏能量较为充足。

8.3.2 输入参数

该井钻遇裸眼井段 5357.44~5369.26m，揭露油层段 5362.03~5369.26m，但是根据目前的生产动态分析，该井有贡献的油层厚度肯定不止 6.5m，由于做过 S48—T401 干扰测试已经证实，沙 48 井和 T401 井之间是相互连通的，根据生产测井可知 T401 井的出油层段为 5367~5508.5m，油层厚度为 141.5m，对于沙 48 井，我们也取油层底部为 5508.5m，油层段为 5362.03~5508.5m，油层厚 146.47m。

由于沙 48 井没有测井解释的孔隙度值，但是根据测井解释，TK407、TK410、TK411 的孔隙度值为 2.5%~3.5%，但是沙 48 井在钻井过程中发生 $2809.8m^3$ 的泥浆漏失，说明该井钻遇大裂缝—溶洞，因此我们取沙 48 井的孔隙度值为 5%（见表 8-5）。

表 8-5　S48 井参数取值表

参　数	数　值	单　位	数据来源
井径	0.0746	m	实际钻井
地层孔隙度 ϕ	5	%	测井解释及综合分析
有效厚度 h	146.47	m	干扰试井
地层油黏度 μ_o	21.703	mPa·s	PVT 分析
地层油体积系数 B_o	1.1625	m^3/m^3	PVT 分析
综合压缩系数 C_t	0.00247	1/MPa	软件计算

8.3.3 参数解释结果

S48 井钻进过程中进入奥陶系顶部漏失，油井发生井喷。在选用模型时考虑到井的动态，选用的模型为“井储+表皮+双孔介质+平行断层”（见图 8-8、图 8-9、

表 8-6、表 8-7)。

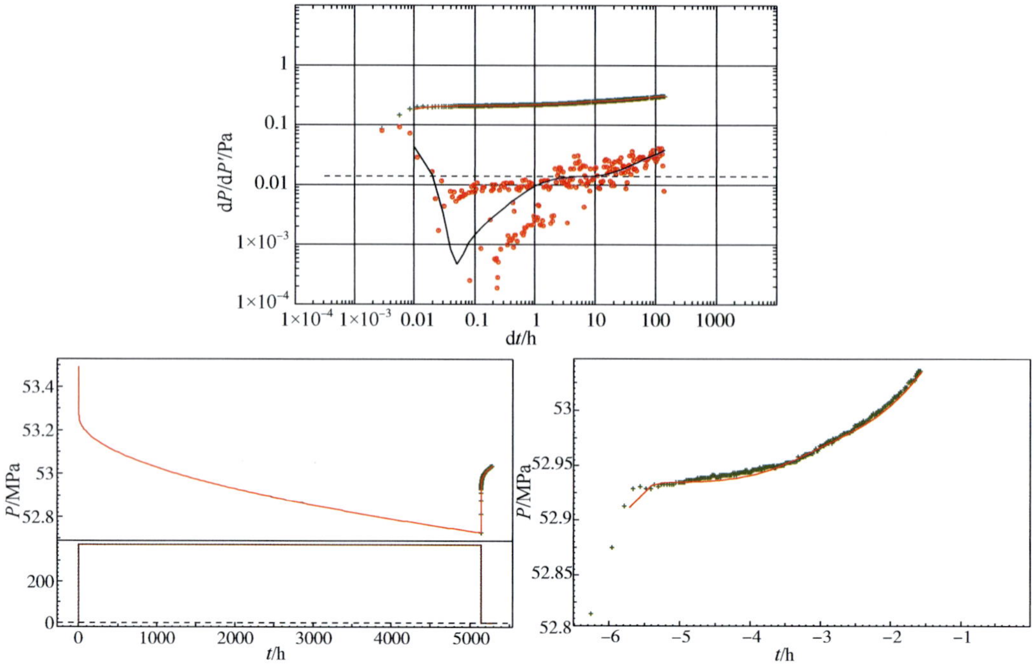

图 8-8　S48 井压恢测试双对数拟合图、压力史图——渗流模型

表 8-6　S48 井参数解释结果——渗流模型

参　数	数　值	单　位
模型	井储+表皮+双孔介质+平行断层	
井筒储存系数 C	0. 394	m^3/MPa
地层有效渗透率 K_f	4. 26	μm^2
地层 K_h	6. 23×10^{-10}	m^3
表皮系数	0. 672	
储容比	1×10^{-4}	
窜流系数	1. 99×10^{-6}	
边界距离 L_1	500	m
拟合测点地层压力 P_e	53. 4903/4700m	MPa

表 8-7　S48 井参数解释结果——耦合模型

参　数	数　值	单　位
模型	溶洞内自由流动+双孔介质渗流+平行断层	
井筒储存系数 C	0. 28	m^3/MPa
裂缝渗透率 K_f	4000	$10^{-3}\mu m^2$
基质渗透率 K_m	0. 872	$10^{-3}\mu m^2$
溶洞直径	2	m
边界距离 L_1	500	m
拟合测点地层压力 P_e	53. 307/4700m	MPa

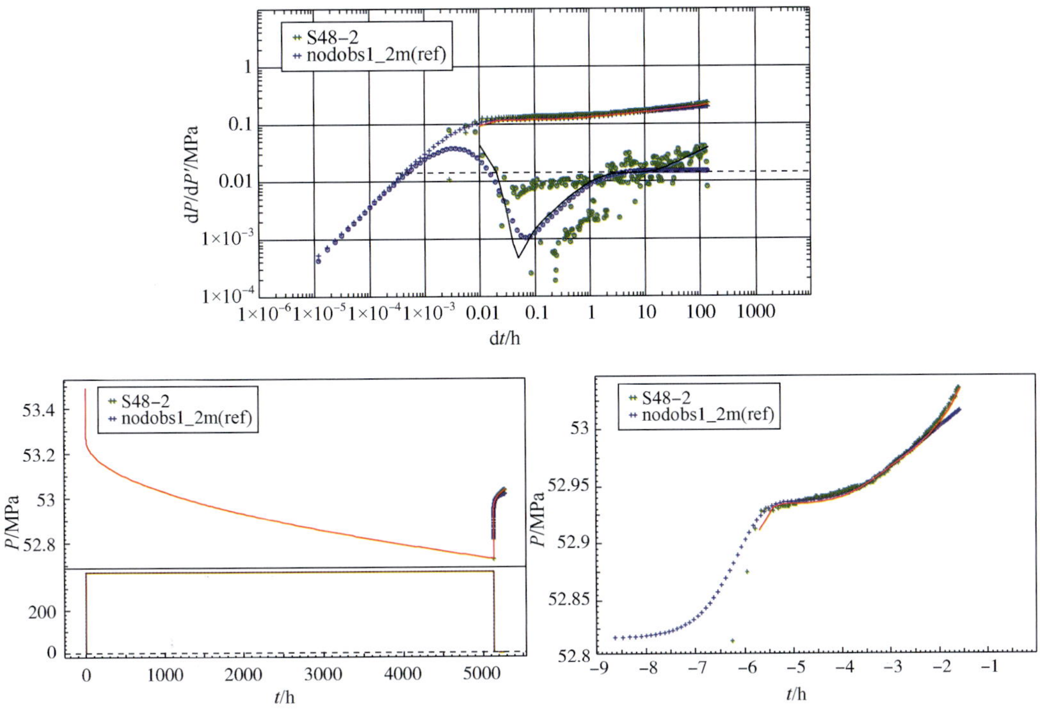

图 8-9　S48 井压恢测试双对数拟合图、压力史图——耦合模型

8.3.4　解释结果分析

（1）该区裂缝渗透率值为 4.26μm²，渗透性极好；用耦合模型解释的裂缝渗透率 4μm²，两者结果相近。

（2）两种方法所得的井储系数相近，可互为印证。

（3）耦合流动模型得到井周溶洞直径 2m，结合该井在钻井过程中发生 2809.8m³ 的泥浆漏失，说明该井除钻遇的溶洞外，还经裂缝连通更多的溶洞。

（4）用渗流模型解释时得该井的表皮系数为 0.672，对于双重介质油藏，该井受到一定程度的污染。

（5）低的储容比 1×10^{-4}有利于油井的稳产。

（6）试井曲线探测到井周围一条断层，距井大约 500m。

8.4　S7202CH 井的解释

8.4.1　测试井概况

该井开钻时间 2006 年 8 月 24 日，完钻井深 5753.43m，2006 年 9 月 13~20 日采用三开三关工作制度做 DST 测试，下面对二关压恢资料进行分析处理。

8.4.2 输入参数

输入参数见表8-8。

表8-8 S7202CH井输入参数

名　称	取　值	单　位	数据来源
生产时间 t_p	50.6975	h	实际开井时间
油密度	0.8628	g/cm^3	化验分析
油黏度	1.3748	mPa·s	软件计算
水密度	1.138	g/cm^3	化验分析
水黏度	0.3137	mPa·s	软件计算
体积系数	1.0730	/	软件计算
测试层有效厚度 h	13.5	m	一间房二、三类储层垂深
测试层孔隙度 ϕ	0.05	小数	经验值
总缩系数 C_t	8.8086×10^{-3}	1/MPa	软件计算
测试井筒半径 R_w	74.6	mm	钻头尺寸

8.4.3 流量史

流量史见表8-9。

表8-9 S7202CH井流量史

流量段时间/h	日产油/(m^3/d)	日产水/(m^3/d)	备　注
0.0683	220	100	一开井(估计)
5.1317	0	0	一关井
12.8642	84.44	41.95	二开井(产量折算)
61.8092	0	0	二关井
29.4675	64.40	37.82	三开井(产量折算)
15.7140	0	0	三关井

8.4.4 参数解释结果

参数解释结果见表8-10、表8-11、图8-10。

表8-10 单相流模型S7202CH井解释结果

参　数	单　位	数　值
解释模型	水平井+双孔介质+单相流+无限大地层	
拟合地层压力 P_I	MPa	57.6314
井筒储集系数 C	m^3/MPa	0.0213

续表

参　数	单　位	数　值
地层系数 K_h	$10^{-3}\mu m^2 \cdot m$	202
渗透率 K	$\times 10^{-3}\mu m^2$	15
表皮系数 S_1	无因次	-4.7
储容比 ω	无因次	0.0562
串流系数 λ	无因次	3.32×10^{-10}

表 8-11　两相流模型 S7202CH 井解释结果

参　数	单　位	数　值
解释模型	井储+表皮+三重介质油藏+两相流	
井筒储集系数 C	m^3/MPa	0.096
裂缝渗透率 K	$\times 10^{-3}\mu m^2$	14.5
基质渗透率	$\times 10^{-3}\mu m^2$	1.08
溶洞渗透率	$\times 10^{-3}\mu m^2$	3.22
表皮系数 S	/	-2.5
拟合、外推压力 P_1	MPa	57.7314

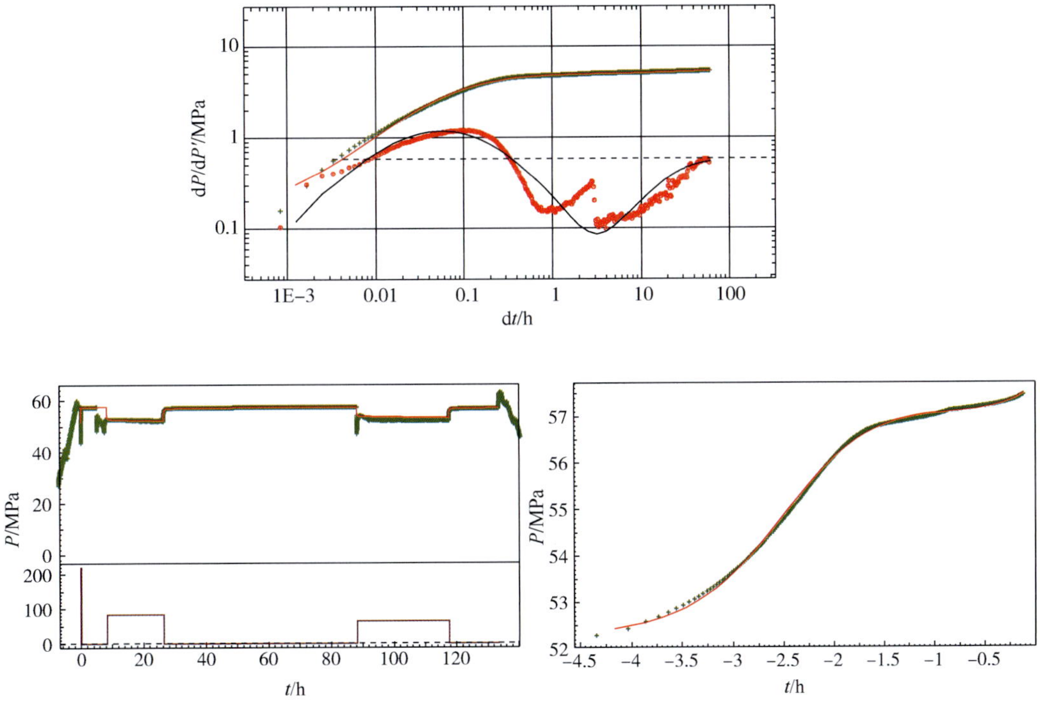

(a)单相流模型

图 8-10　S7202H 井双对数拟合图、压力史拟合图、半对数拟合

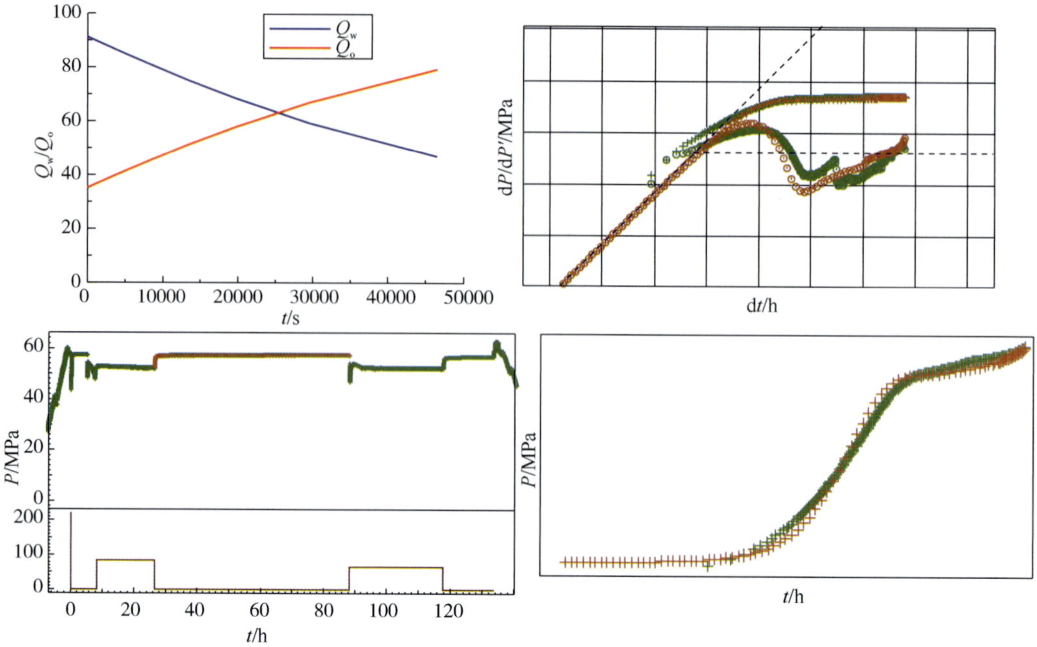

(b)两相流模型

图 8-10　S7202H 井双对数拟合图、压力史拟合图、半对数拟合(续)

参考文献

[1] Barenblatt G L. Zheltov Yu P and Konicina. Basic concepts in the theory of seepage of homogeneous liquids in fissured rocks [J]. Soviet J App Math and Mech, 1960, 5(XXIV): 1283-1303.

[2] Warren J E, Root P J. The behavior of naturally fractured reservoirs [J]. Soc. Pet. Eng. J., Trans., AIME, 1963, 3(3): 245-255.

[3] Kazemi H. Pressure Transient Analysis of Naturally Fractured Reservoirs with Uniform Fracture Distribution[J]. Soc. Pet. Eng. J., Trans., AIME, 1969, 9(4): 451-462.

[4] Barenblatt G I, Entov V M, Ryzhik V M. Theory of Fluid Flows Through Natural Rocks[M]. Kluwer Academic Publishers, Dordrecht, 1989: 57-125

[5] Pruess K, Narasimhan T N. A Practical Method For Modeling Fluid And Heat Flow In Fractured Porous Media[J]. Soc. Pet. Eng. J., Trans., AIME, 1985, 25(1): 14-26.

[6] Closeman P J. The Aquifer Model For Fissured Reservoir[J]. Soc. Pet. Eng. J. Trans., AIME, 1975, 15(5): 385-398.

[7] Abdassah D, Ershaghis I. Triple-porosity system for representing naturally fractured reservoirs[J]. SPE Form. Eval., 1986, 1(2): 113-127.

[8] Camacho-Velazquez R, Vasquez-Cruz M, Castrejon-Aivar R, et al. Pressure transient and decline-curve behavior in naturally fractured vuggy carbonate reservoirs[J]. *SPE Reservoir Evaluation & Engineering*, 2005, 8(2): 95-111.

[9] 程时清，屈雪峰．三重介质模型试井分析方法[J]．油气井测试，1997，6(1)：5-11.

[10] 薛成瑾，戴卫华，张皎生．裂缝与井筒连通的三重介质油藏试井解释方法[J]．油气地质与采收率，2003，10(3)：39-41.

[11] 王子胜，姚军，张凯．三重介质油藏非牛顿液不稳定渗流压力变化特征[J]．中外能源，2006，11(2)：13-17.

[12] 王子胜，姚军．缝洞向井筒供液时三重压敏介质油藏压力响应特征研究[J]．水动力学研究与进展，2006，21(1)：84-89.

[13] 常学军，姚军，戴卫华，等．裂缝和洞与井筒连通的三重介质油藏试井解释方法研究[J]．水动力学研究与进展，2004，19(3)：339-346.

[14] 李成勇，刘启国，张燃．三重介质油藏水平井试井解释模型研究[J]．西南石油学院学报，2006，19(3)：32-35.

[15] 蔡明金，贾永禄．三重介质有限导流垂直裂缝井压力动态分析[J]．油气井测试，2007，16(5)：12-15.

[16] Kang Z J, Wu Y S, Li J L. Modeling Mutiphase Flow in Naturally Fractured Vuggy Petroleum Reservoirs[C]. SPE102356, 2006.

[17] Wu Y S, Liu H H, Bodvarsson G S. A triple-continuum approach for modeling flow and transport processes in fractured rock[J]. Journal of Contaminant Hydrology, 2004, 73(1): 145-179.

[18] Zhijiang Kang, Yu-Shu Wu, Jianglong Li. A Triple-Continuum Numerical Model For Simulating Multiphase Flow in Vuggy Fractured Reservoirs[C]. CMWR XVI . Computational Methods in Water Resources XVI International Conference, Copenhagen, Denmark, June 19-22, 2006.

[19] Wu Yu-Shu, Christine Ehlig-Economides, Guan Qin, et al. A Triple-Continuum Pressure-Transient Model for a Naturally Fractured Vuggy Reservoir[C]. SPE110044, 11-14 November 2007.

[20] Arbogast T, Lehr H L. Homogenization of a Darcy-Stokes system modeling vuggy porous media[J]. Comput. Geosci., 2006, 10(3): 291-302.

[21] 宋晓晨，徐卫亚．裂缝岩体渗流概念模型[J]. 岩土力学，2004，25(2)：226-232.

[22] 何杨，柴军瑞，唐志立，等．三维裂隙网络非稳定渗流数值分析[J]. 水动力学研究与进展，2007，22(5)：338-334.

[23] Therrien R. Three-dimensional analysis of variably-saturated flow and solute transport in discretely-fractured porous media[J]. Journal of Contaminant Hydrology, 1996, 23(1-2): 1-44.

[24] Slough K J. Numerical simulation of multiphase flow and phase partitioning in discretely fractured geologic media[J]. Journal of Contaminant Hydrology, 1999, 40(2): 107-136.

[25] Karimi-Fard M, Durlofsky L J, Aziz K. An Efficient Discrete-Fracture Model Applicable for General-Purpose Reservoir Simulators[J], *SPEJ*, 9(2), 2004: 227-236.

[26] Gong B, Karimi-Fard M, Durlofsky L J. An Upscaling Procedure For Constructing Generalized Dual-Porosity/Dual-Permeability Models From Discrete Fracture Characterizations[C], SPE102491, 24-27 September 2006.

[27] Arbogast T, Brunson D S. A computational method for approximating a Darcy-Stokes system governing a vuggy porous medium[J]. 1997, 13(5): 14-16.

[28] Arbogast T, Brunson D S, Bryant S L, et al. A preliminary computational investigation of a macro-model for vuggy porous media[J]. 2004, 15(4): 28-30.

[29] 刘学利，彭小龙，杜志敏，等．油水两相流 Darcy-Stokes 模型[J]，西南石油学院学报，2007，29(6)：89-92.

[30] 阎超．黏性流体力学[M]. 北京：北京航空航天大学出版社，2005.

[31] 切尔内绍夫[苏]. 水在裂隙网络中的运动[M]. 北京：地质出版社，1987.

[32] Perrine R L. Analysis of pressure buildup curve. Dill and Prod Prac, API, 1956.

[33] 雷霆．考虑井筒储集的油水两相流试井分析[J]. 油气井测试，2000，9(3)：12-14.

[34] 刘立明，陈钦雷，等．油水两相渗流压降数值试井模型的建立[J]. 石油大学学报，2001，25(2)：42-45.

[35] 刘立明，陈钦雷．用单相流复合图版解释油水两相流试井数据[J]. 石油勘探与开发，2001，28(3)：67-69.

[36] 秦峰．用数值模拟方法研究多相流的试井方法单井试井模拟器的研制[D]. 北京：石油大学石油工程系，1998.

[37] 张冬丽，王新海．反演理论在试井解释中的应用[J]. 油气井测试，2000，9(3)：15-19.

[38] 吴玉树，葛家理．三重介质裂隙油藏中的渗流问题[J]. 力学学报，1983，14(1)：81-85

[39] 王子胜，姚军．双重孔隙压敏介质油藏不稳态产能变化研究[J]．油气井测试，2006，15(5)：1-3.

[40] 王子胜，姚军．双重孔隙压敏介质试井解释及其在塔河油田的应用[J]．新疆石油地质，2007，28(2)：235-237.

[41] 王子胜，姚军．三重压敏介质油藏不稳态产能变化特征研究[J]．特种油气藏，2007，14(5)：52-54.

[42] 张允，王子胜，等．带启动压力梯度的双孔压敏介质压力动态及其应用研究[J]．水动力学研究与进展，2007，22(3)：332-337

[43] 常学军，姚军，戴卫华，等．裂缝和洞与井筒连通的三重介质油藏试井解释方法研究[J]．水动力学研究与进展，2004，19(3)：339-346.

[44] 吴明录，姚军，等．利用双种群遗传算法进行数值试井自动拟合[J]．油气地质与采收率，2007，14(2)：81-83.

[45] 王子胜，姚军．缝洞型油藏试井解释方法在塔河油田的应用[J]．西安石油大学学报，2007，22(1)：72-74.

[46] 王子胜，姚军．一阶导数法判断压力导数曲线上凹陷的类型[J]．石油钻探技术，2007，35(3)：72-75.

[47]《中国油气井测试资料解释范例》编写组．中国油气井测试资料解释范例[M]．北京：石油工业出版社，1994.